和秋叶一起学

秒懂Word

秋叶 刘晓阳 ◎ 编著

人民邮电出版社
北京

图书在版编目（CIP）数据

和秋叶一起学. 秒懂Word / 秋叶，刘晓阳编著. -- 北京 : 人民邮电出版社，2021.6（2021.6重印）
ISBN 978-7-115-56488-7

Ⅰ. ①和… Ⅱ. ①秋… ②刘… Ⅲ. ①文字处理系统 Ⅳ. ①TP391

中国版本图书馆CIP数据核字(2021)第078087号

内容提要

如何从 Word 新手成长为 Word 高手，快速解决职场中各种各样的文档操作难题，就是本书所要讲述的内容。

本书收录了生活和工作场景中的 170 个实用 Word 技巧，每个技巧都配有详细的图文操作说明、清晰的场景使用说明及配套练习与动画演示，能够全方位展示 Word 软件的各项功能操作，帮助读者结合实际应用，高效使用软件，快速解决问题。

本书充分考虑初学者的知识水平，内容从易到难，能让初学者轻松理解各个知识点，快速掌握职场必备技能。本书大部分案例来源于真实职场，职场新人系统地阅读本书，可以节约在网上搜索答案的时间，提高工作效率。

◆ 编　　著　秋　叶　刘晓阳
责任编辑　李永涛
责任印制　王　郁　彭志环

◆ 人民邮电出版社出版发行　　北京市丰台区成寿寺路 11 号
邮编　100164　　电子邮件　315@ptpress.com.cn
网址　https://www.ptpress.com.cn
大厂回族自治县聚鑫印刷有限责任公司印刷

◆ 开本：880×1230　1/32
印张：5.75　　2021 年 6 月第 1 版
字数：194 千字　　2021 年 6 月河北第 2 次印刷

定价：39.90 元

读者服务热线：(010)81055410　印装质量热线：(010)81055316
反盗版热线：(010)81055315
广告经营许可证：京东市监广登字 20170147 号

目 录
CONTENTS

第 2 章　文档页面设置

第 3 章　文档内容输入

第 5 章　文档的段落编号

第 6 章　文档中的图片与图形

第 9 章 文档的页眉和页脚设置

第 10 章 文档的视图与审阅

第 11 章 Word 的打印输出

和秋叶一起学

秒懂Word

绪 论

这是一本适合“碎片化”阅读的职场技能图书。

市面上大多数的职场类书籍，内容偏学术化，不太适合职场新人“碎片化”阅读。对于急需提高职场技能的职场新人而言，并没有很多的“整块”时间去阅读、思考、记笔记，更需要的是可以随用随翻、快速查阅的“字典型”技能类书籍。

为了满足职场新人的办公需求，我们编写了本书，对职场人关心的痛点问题一一解答。希望能让读者无须投入过多的时间去思考、理解，翻开书就可以快速查阅，及时解决工作中遇到的问题，真正做到“秒懂”。

本书具有“开本小、内容新、效果好”的特点，围绕“让工作变得轻松高效”这一目标，介绍职场新人需要掌握的“刚需”内容。本书在提供解决方案的同时还做到了全面体现软件的主要功能和技巧，让读者看完一节就有一节内容的收获。

因此，本书在撰写时遵循以下两个原则。

（1）内容实用。为了保证内容的实用性，书中所列的每一个技巧都来源于真实的需求场景，书中汇集了职场新人最为关心的问题。同时，为了让本书更实用，我们还查阅了抖音、快手上的各种热点技巧，并尽量收录。

（2）查阅方便。为了方便读者查阅，我们将收录的技巧分类整理，并以一条条知识点的形式体现在目录中，读者在看到标题的一瞬间就知道对应的知识点可以解决什么问题。

我们希望这本书能够满足读者的“碎片化”阅读需求，能够帮助读者及时解决工作中遇到的问题。

做一套图书就是打磨一套好的产品。希望秋叶系列图书能得到读者发自内心的喜爱及口碑推荐。

我们将精益求精，与读者一起进步。

最后，我们还为读者准备了一份惊喜！

微信扫描下方二维码，关注并回复“秒懂 3”，可以免费领取我们为本书读者量身定制的超值大礼包，包含：

149 个配套操作视频
69 套各行业合同模板
16 套标准公文写作模板
100 套精美多岗位简历模板
10 套多岗位年终总结报告范文

还等什么，赶快扫码领取吧！

第 1 章
Word 软件基础

Word 是职场人士常用的文档编辑与排版软件。“工欲善其事，必先利其器。”如果想要快速地进行文档编辑或文档排版，就必须先了解 Word 的基础操作。

1.1 文档的创建与保存

本节内容包含办公软件的安装、文档的新建与保存。对于还不熟悉 Word 软件的初学者来说，这些内容会影响后续对本书学习的效果，请务必认真研读。

01 如何下载 Office 软件?

对于初学者来说，要学习使用一款软件，首先就需要学会下载软件。

网上的资源鱼龙混杂，稍不注意可能会下载带有病毒的资源。我们要如何下载安全的软件安装包呢?

1 在百度网中搜索“MSDN，我告诉你”，打开名为“MSDN，我告诉你”的网站。

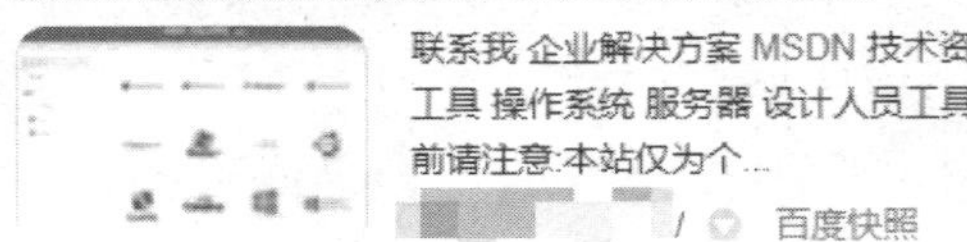

2 单击网站左侧导航栏中的【应用程序】，在列表中找到“Office 2019”。

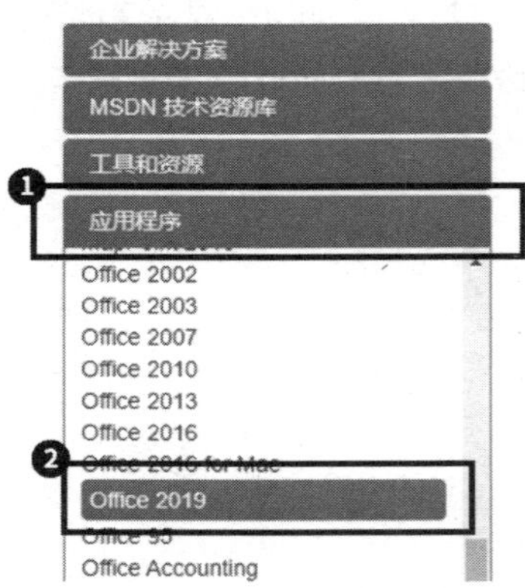

3 在右侧条目中选择【中文 - 简体】，单击右侧的【详细信息】即可看到安装包的详细情况。

4 复制 ed2k 开头的链接，粘贴到迅雷等支持磁力下载的下载工具中下载。

文件名 cn_office_professional_plus_2019_
SHA1 d850365b23e1e1294112a51105a2
文件大小 3.52GB
发布时间 2018-10-03

5 Windows 10 系统用户双击打开下载的 ISO 镜像文件，即可打开压缩包。Windows 7 系统用户需要安装支持 ISO 格式的解压缩软件，如 Bandizip 等，才能打开。打开压缩包后双击名为“Setup.exe”的应用程序，按照提示即可进行软件的安装。

注意：

本书仅教大家免费下载与安装正版软件，不包括软件激活。

02 如何打开 Word 软件？

Office2019 软件安装完成后，不会在桌面上显示对应的软件图标。那么，如何快速打开 Word 软件呢？这里介绍两种方法（以 Windows 10 系统为例）。

方法 1：通过【开始】菜单搜索打开

单击桌面左下角的【开始】按钮，输入“Word”，系统就会自动搜索到 Word，单击软件图标即可打开 Word 软件。

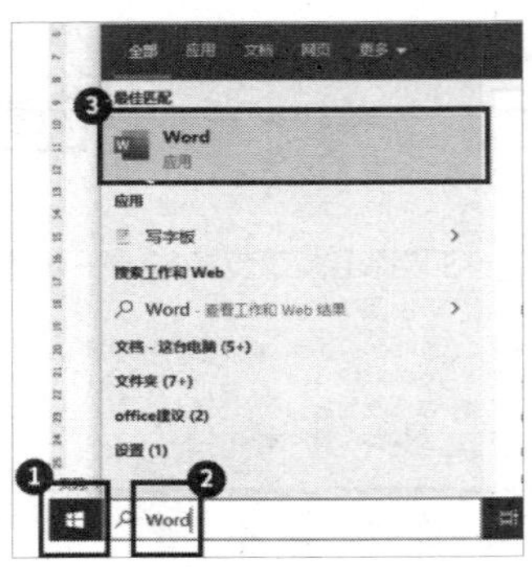

方法 2：通过桌面任务栏打开

在方法一的基础上，右键单击软件图标，在弹出的菜单中选择【固定到任务栏】命令，软件图标会出现在桌面下方的任务栏中，以后就可以直接单击任务栏上的图标打开软件。

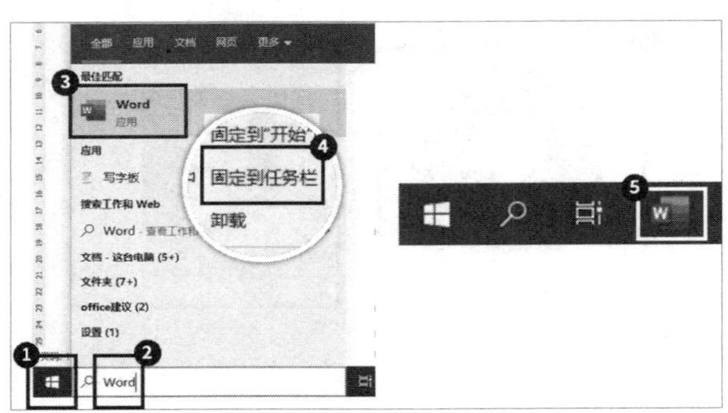

03 如何新建空白文档?

要进行文字内容编辑，通常需要先创建文档。快速新建 Word 文档，有两种常用方法。

方法 1：在 Word 软件中新建空白文档

打开 Word 后，在软件界面中直接选择【空白文档】，即可完成空白文档的创建。

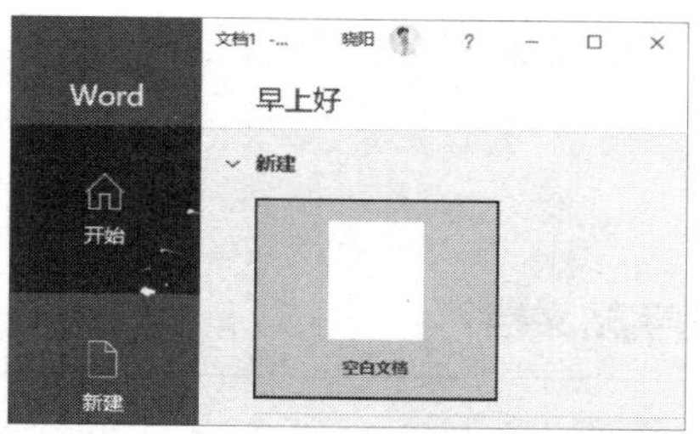

方法 2：直接在桌面新建文档

右键单击桌面空白位置，在弹出的菜单中选择【新建】-【Microsoft Word 文档】命令，即可完成文档的新建。

04 如何通过模板创建文档?

遇到陌生的文档编辑任务，我们可能会先从网络上搜索可以直接使用的文档模板。其实，Word 软件内置了丰富的模板库，可以一键查找需要的文档模板。

打开 Word 软件后，在软件窗口中选择【新建】，然后在【新建】界面的搜索框中输入对应的模板关键词进行搜索，软件就会自动搜索相关的模板。

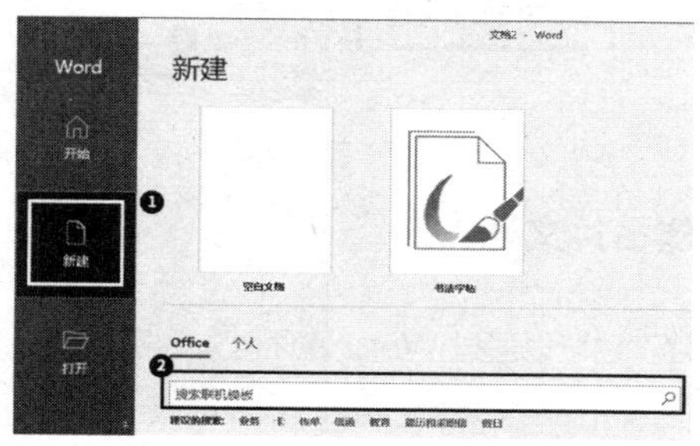

在此，推荐几个实用的搜索关键词：简历、清单、报告。更多关键词留给大家自行探索。

05 如何创建字帖文档？

如果想练习书法，除了去书店购买字帖外，也可以通过 Word 软件自己创建书法字帖。Word 的模板库内置字帖模板，只要按照如下步骤即可创建个性化字帖。

1 打开 Word 软件，在软件窗口中选择【新建】，在【新建】界面选择名为【书法字帖】的模板。

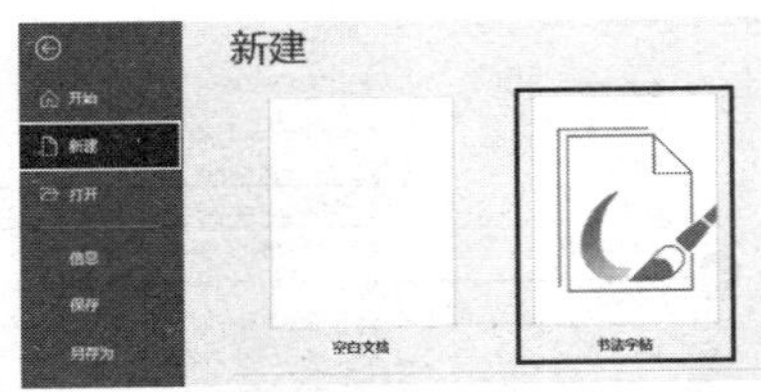

2 在弹出的【增减字符】对话框中，❶选择字体，❷调整排序方式，❸选择文字，❹增减字符，❺关闭，即可在 Word 中生成一份个性化的字帖。

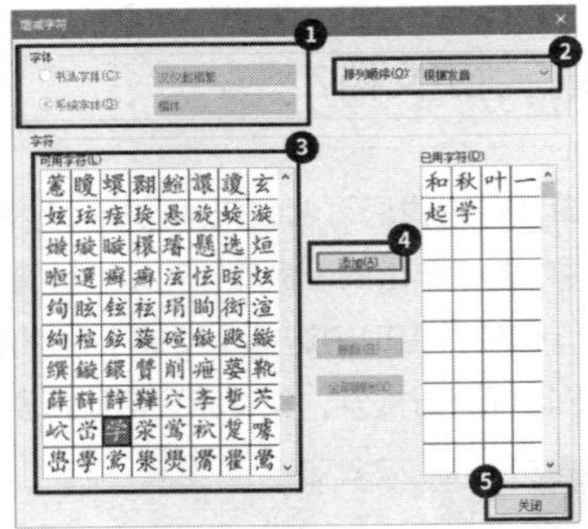

06 如何创建名片文档？

如果要设计名片，也可以通过 Word 软件内置的模板库，来选择合适的名片模板直接套用。

1 打开 Word 软件，在软件窗口中选择【新建】，在【新建】界面的搜索框中输入“名片”关键词，即可搜索出很多名片模板。

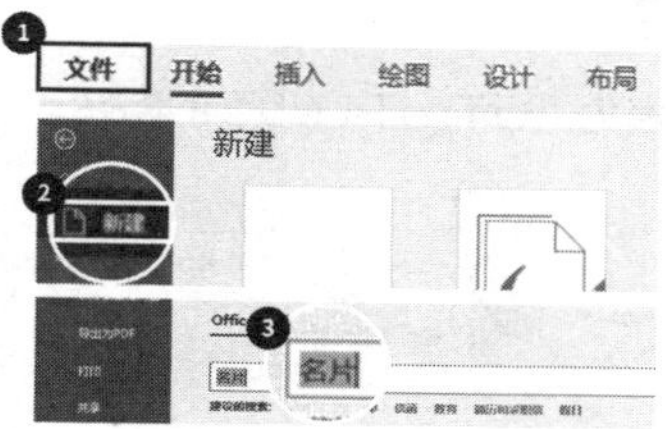

2 选择其中一个模板，如“紫色图形名片”，在名片模板详情对话框中单击【创建】按钮，即可快速创建空白的名片文档。

3 在任意一份名片模板的对应位置填写信息，其他名片模板的信息也会自动同步。

4 完成名片信息输入后，将文档另存为 PDF 格式的文件，即可带到打印店进行名片印刷。

07 如何快速找到优质的模板？

如果 Word 软件内置模板库无法满足我们的模板需求，也可以到名为“Office

PLUS”的网站去寻找合适的模板。

“OfficePLUS”是微软中国官方推出的免费 Office 模板下载网站。在这个网站查找模板的步骤如下。

1 在百度网搜索并打开名为“Office PLUS”的网站。

2 将鼠标指针移动到网站导航栏的【Word 文档】处，在弹出的模板分类菜单中，选择需要的类别即可进入对应模板页面中。

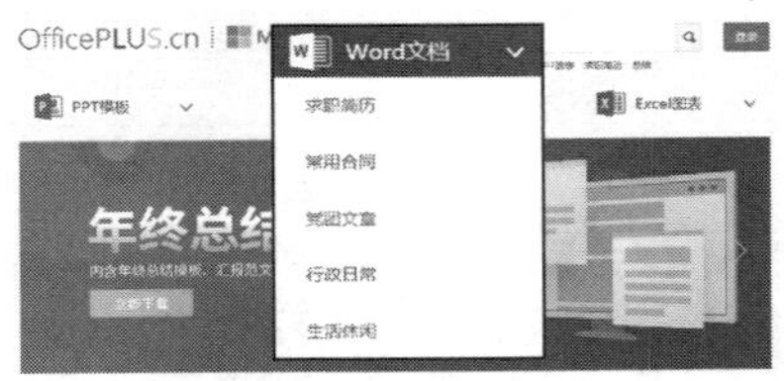

3 单击模板右下角的【下载】按钮即可下载模板。

除了 Word 文档之外，我们还可以在网站上下载精美的 PPT 模板和实用的 Excel 模板。

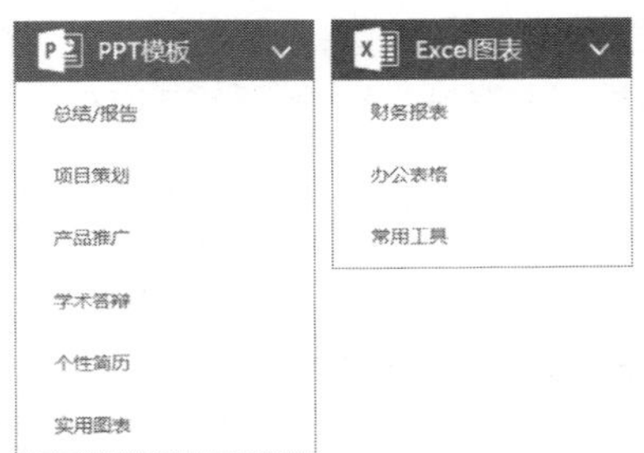

08 如何把 Word 文档保存为 PDF 格式?

制作精美的 Word 文档发送到别人的计算机上，可能会因为对方的计算机中没有安装相应的字体或使用的软件版本不同出现文档版式错乱。想要解决这种问题，只需把编辑好的 Word 文档转为 PDF 格式保存即可。

1 打开 Word 文档，选择【文件】-【另存为】命令。

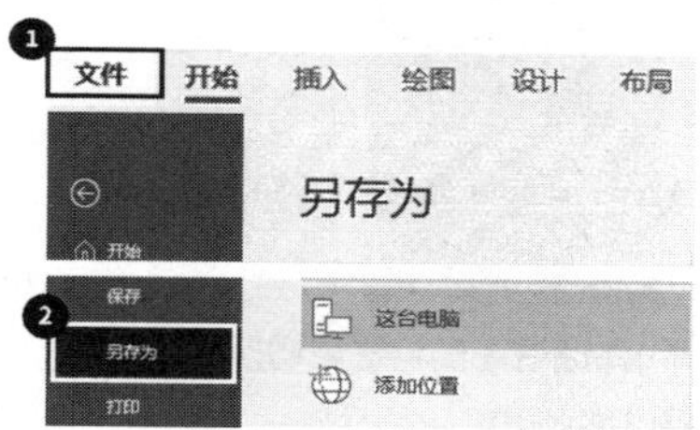

2 在右侧窗口中，选择合适的存放位置。将文档格式从【Word 文档 (*.docx)】更改为【PDF(*.pdf)】，单击【保存】按钮。

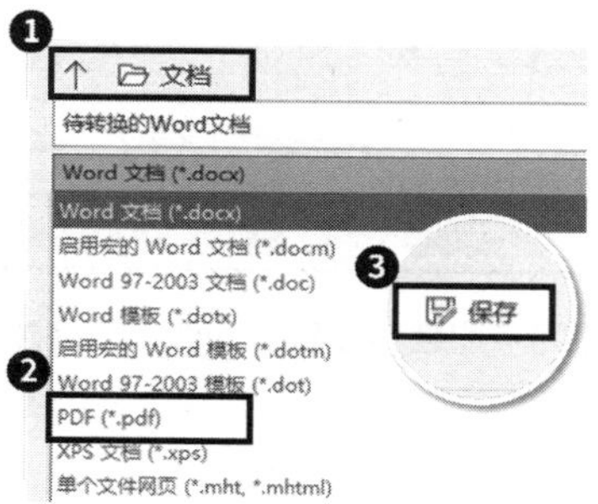

09 如何调整文档的自动保存时间?

在工作中，最让人懊恼的莫过于，花了很多时间编写的文档，却由于停电、Word 软件崩溃或其他突发事故而丢失了。为了避免这种损失，可以在 Word 软件里调整文档的自动保存时间，最大程度上保护我们的工作成果。

1 打开 Word 软件后，选择【文件】-【选项】命令。

2 在弹出的【Word 选项】对话框左侧将栏目切换到【保存】，在右侧的界面中更改【保存自动恢复信息时间间隔】的数值。

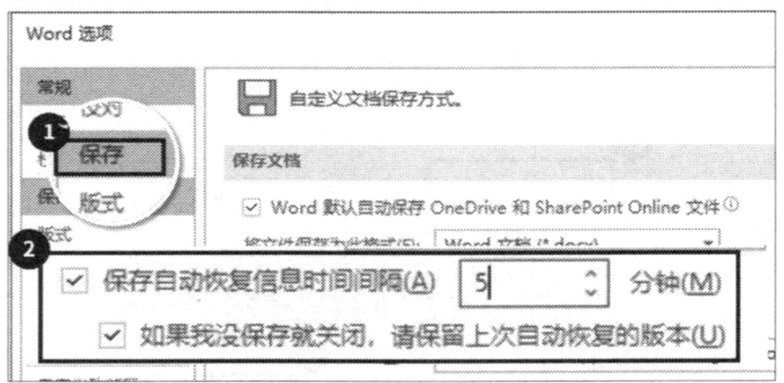

过短的自动恢复时间可能会导致软件崩溃，因此建议将时间间隔设置为 5 分钟。

1.2 文档的快捷操作

想要在速度上领先其他人，除了熟能生巧之外，Word 软件中还有许多实用的快捷操作能够帮助我们提高文档处理速度。本节将介绍一些常用的快捷操作技巧。

01 操作失误时，如何撤销之前的操作？

在 Word 软件中操作失误时，只需按快捷键【Ctrl+Z】即可解决。

【Ctrl+Z】是 Office 软件中一个通用的撤销上一步操作的快捷键。我们也可以在 Word 软件的快速访问工具栏中找到撤销操作的图标。

02 如何快速恢复上一步操作？

在 Word 文档中，既然有“撤销”的快捷操作，自然也有“恢复”的快捷操作。恢复上一步操作的快捷键是按【Ctrl+Y】或【F4】。

如果按【F4】键无效，则需要按【Fn】键后再按【F4】键。

除了有“恢复已经撤销的操作”的功能之外，快捷键【Ctrl+Y】和【F4】还有“快速重复上一步操作”的功能，如重复设置格式、重复输入文字等。

03 除了复制、粘贴，【Ctrl】键在 Word 中还有什么用？

说到和【Ctrl】键相关的快捷键，很多人的第一反应可能是【Ctrl+C】复制，【Ctrl+V】粘贴，其实除了这两个之外，【Ctrl】键在 Word 中还有很多实用的快捷键搭配。

1. 快速新建文档用【Ctrl+N】

“新”的英文是 New，所以想快速新建 Word 文档，可以使用快捷键【Ctrl+N】。

2. 快速打开文档用【Ctrl+O】

“打开”的英文是 Open，所以想快速打开 Word 文档，可以使用快捷键【Ctrl+O】。

3. 行距调整用【Ctrl+1/2/5】

段落的行距会影响我们的阅读体验。在进行文档排版时，使用快捷键

【Ctrl+1/2/5】可以快速将行距调整为单倍行距、2 倍行距和 1.5 倍行距。

4. 预览打印效果用【Ctrl+P】

如果不确定排版后的文档最终打印出来是什么效果，可以使用快捷键【Ctrl+P】让 Word 软件进入“打印预览和打印”的状态，即可查看打印效果。

5. 加粗文本用【Ctrl+B】

“粗体”的英文是 Bold，在 Word 中想要让文本变为粗体，使用快捷键【Ctrl+B】即可。

6. 添加下画线用【Ctrl+U】

“下画线”的英文是 Underline，在 Word 中想要为文本添加下画线，使用快捷键【Ctrl+U】即可。

更多和【Ctrl】键相关的快捷键，在本书的配套资源中可以看到。

04 如何利用【Alt】键提高工作效率?

在 Office 中，【Alt】键是一个隐藏的万能快捷键搭配者。通过【Alt】键，我们可以只用键盘就能使用软件中的所有功能。具体操作步骤如下。

1 打开 Word 软件，按【Alt】键，软件窗口中的菜单栏上即会出现英文字母提示。

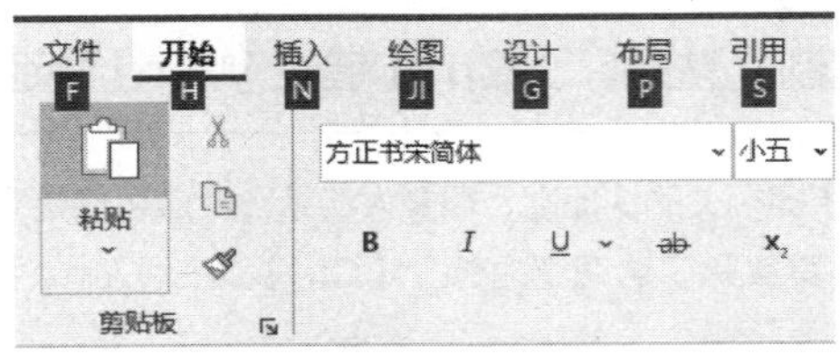

2 按照提示按键盘上的【N】键，软件就会自动切换到【插入】选项卡，同时【插入】下方功能区中的各个功能按钮上也都出现了英文字母提示。

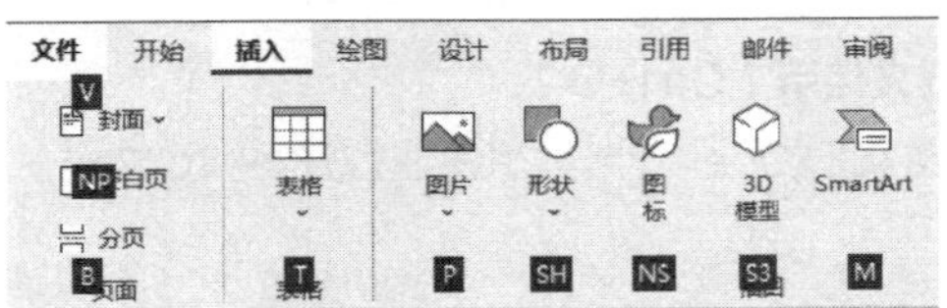

3 根据提示按键盘上相应的字母按键就可以进行相应功能的操作。

以上就是【Alt】键最经典的用法，不用鼠标点选，以【Alt】键为入口就能打开 Word 软件中的所有功能。

除此之外，部分与【Ctrl】键相关的快捷键，搭配【Alt】键后还能产生新的功能，如下表所示。

Ctrl+Alt+C	快速插入版权符号 ©
Ctrl+Alt+V	打开选择性粘贴
Ctrl+Alt+R	快速插入注册商标 ®
Ctrl+Alt+F	快速插入脚注
Ctrl+Alt+D	快速插入尾注
Ctrl+Alt+Z	循环查看前四次修改

更多与【Alt】键相关的快捷键，可以在本书的配套资源中查看。

05 如何快速启动常用功能？

在文档编辑过程中往往需要用到不同选项卡下的功能，对于常用的功能按钮，我们可以把它加入快速访问工具栏中。

快速访问工具栏一般位于 Word 功能区的上方或菜单栏下方。

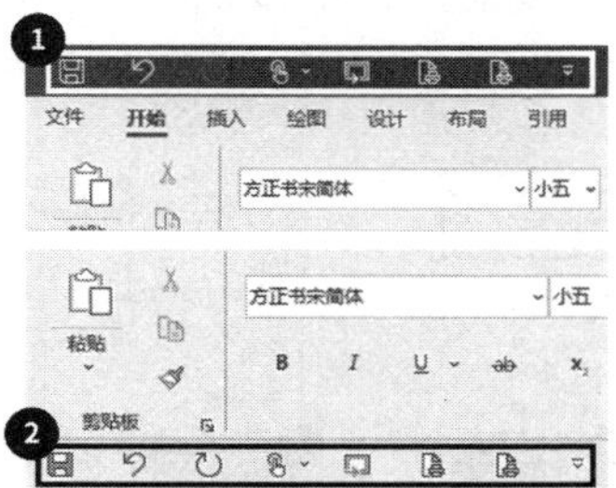

快速访问工具栏的位置可以单击其最右侧的下拉菜单，选择【在功能区下方显示】命令进行调整。

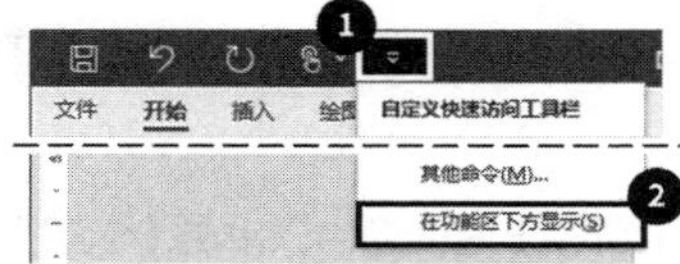

将功能添加进快速访问工具栏一般有两种方法。

方法 1：右键单击添加

右键单击功能区中的功能按钮，在弹出的菜单中选择【添加到快速访问工具栏】命令。

方法 2：通过 Word 选项添加

1 单击快速访问工具栏最右侧的下拉按钮，在菜单中选择【其他命令】命令，即可打开【自定义快速访问工具栏】对话框。

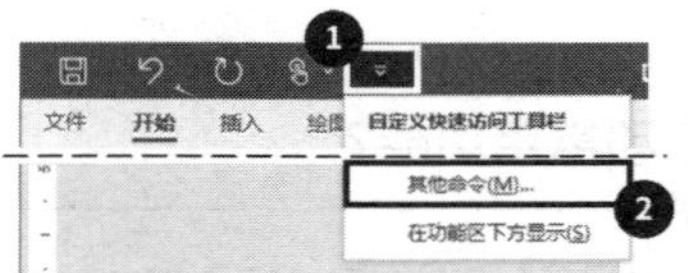

2 在右侧界面中单击【常用命令】，其下方列表会选择显示不同类别的命令。在下方列表中单击选中命令，单击【添加】按钮，可将选中的命令添加至右侧的快速访问工具栏。最后单击【确定】按钮，即可关闭对话框并完成命令添加。

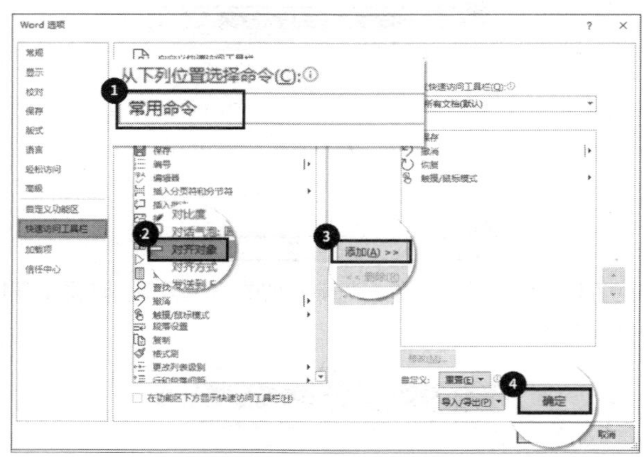

3 在【自定义快速访问工具栏】对话框中，单击【重置】按钮，选择【仅重置快速访问工具栏】选项，即可将快速访问工具栏恢复为默认设置。

4 在【自定义快速访问工具栏】对话框中，单击【导入 / 导出】按钮，可以在弹出的菜单中选择【导出所有自定义设置】命令，将设置好的快速访问栏配置导出给其他人，也可以选择【导入自定义文件】命令，将他人的快速访问工具栏配置添加到自己的软件中。

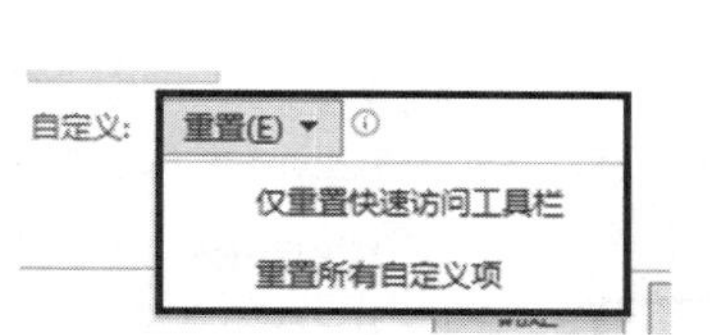

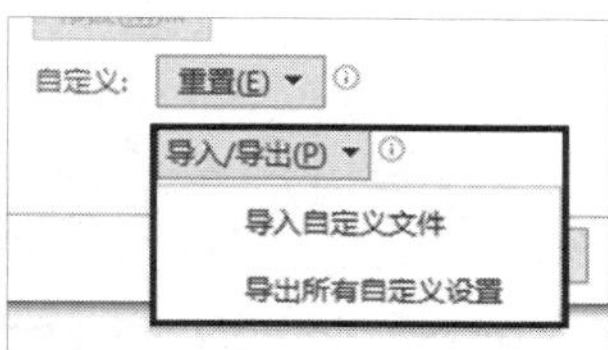

1.3 内容的选择定位

想要更好地对文档中的模块、元素等进行编辑，必须得先找到它才可以。如何精准高效地定位是本节的重点内容，大家一定要认真学习。

01 如何快速找到文档中的图片?

一份长文档中，里面往往会使用很多图片，如果想要快速跳转到每一张图片所在的位置，除了不断滚动鼠标滚轮，还有一种方法可以帮助我们快速定位到目标图片。

1 在【开始】选项卡的功能区中单击【查找】图标打开【导航窗格】面板。

2 在左侧弹出的【导航窗格】面板中，单击搜索框右侧下拉按钮，在菜单中选择【图形】。

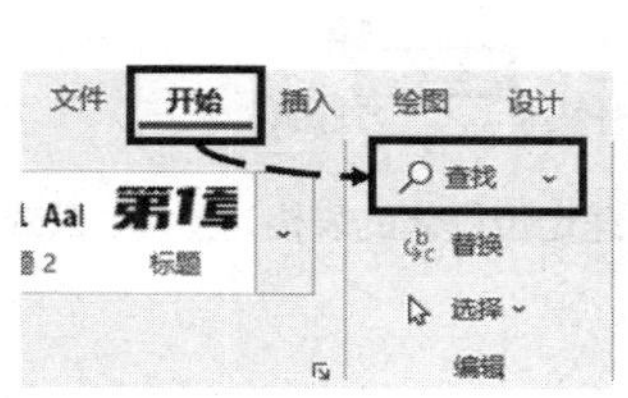

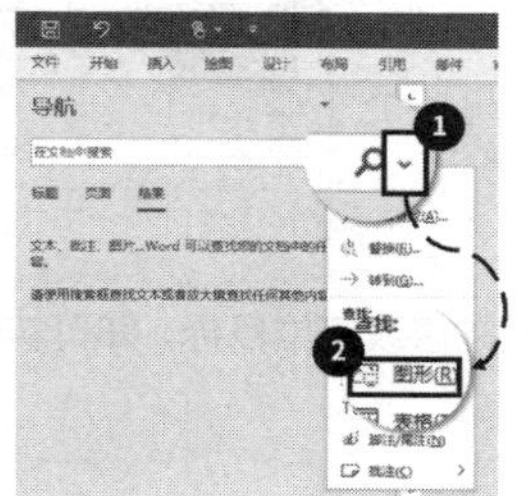

3 此时搜索框下方会显示搜索结果，单击结果旁的【上】【下】按钮，即可快速在图片结果间跳转。

此方法除了可以快速查找图形，还可以搜索表格、公式、脚注、尾注和批注。

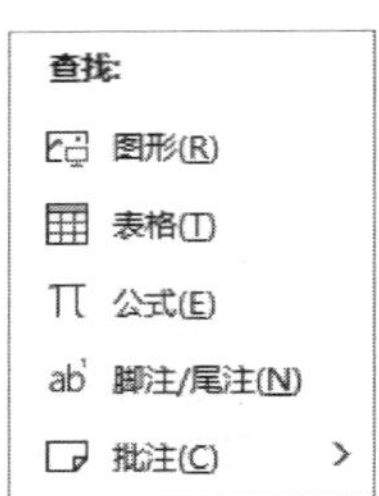

02 如何快速跳转到指定页面?

虽然长文档中的页面可以通过查找功能实现单击跳转，可是如何才能快速跳转到具体的第几页呢？其实 Word 也可以帮你实现！

1 在【开始】选项卡的功能区中单击【查找】右侧下拉按钮，在菜单中选择【转到】命令。

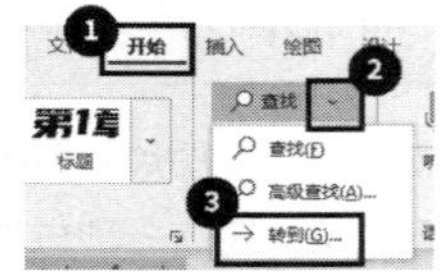

2 在弹出的【查找和替换】对话框中，选择【定位目标】为【页】，在【输入页号】框中填写具体的页码，如“12”，单击【定位】按钮即可实现快速跳转。

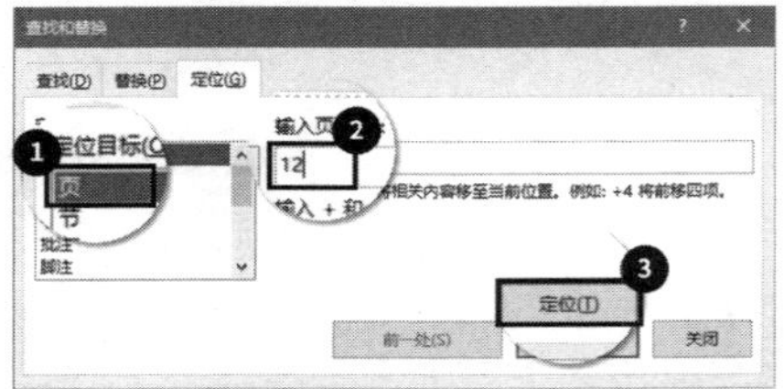

我们只需修改定位目标，即可实现快速定位具体的表格、图片、公式等元素。

03 怎样快速选中整个段落？

即使是不熟悉 Word 的人都知道如果想选中整个段落，直接用鼠标从开头拖曳到结尾处就可以实现。但其实 Word 中隐藏了不用拖曳就可以实现的操作。

技巧 1：将鼠标光标放在段落中，单击左键三次，即可选中一整个段落。

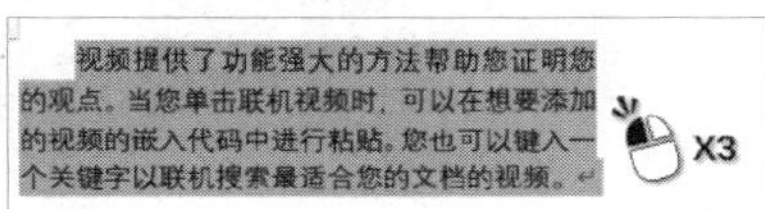

技巧 2：双击左键是选中词语。

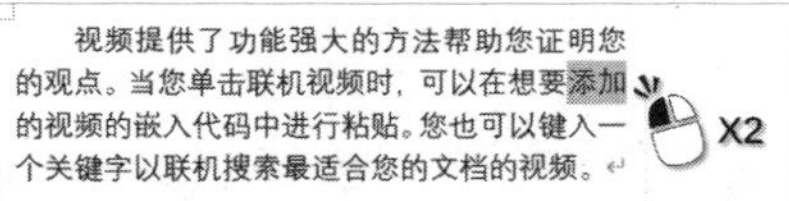

技巧 3：按【Ctrl】键 + 单击左键是选中完整句子。

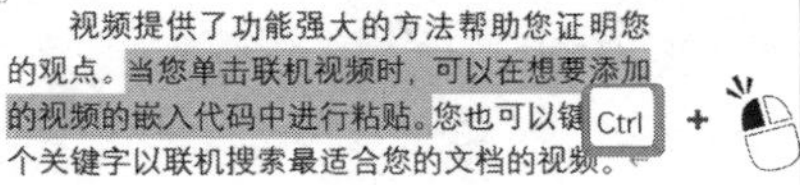

04 怎样竖向选中文字？

手动编号无法自动更新，调整起来非常麻烦，而在 Word 中就有一种特殊的选择方式，可以竖向选中删除某些垂直方向的内容。

按【Alt】键，将光标移动到内容前。按下鼠标左键后向右下角拖曳快速选中竖向内容，按【Delete】键即可删除内容。

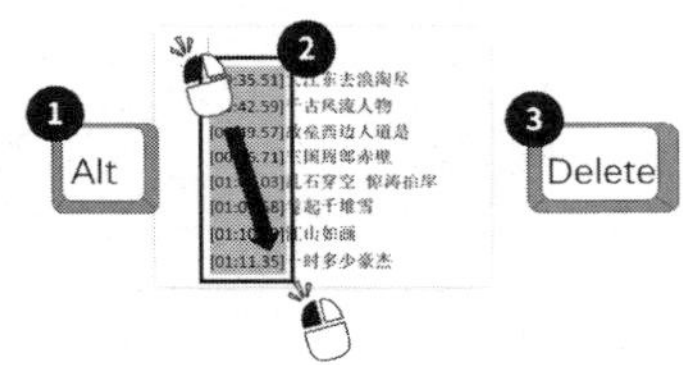

第 2 章 文档页面设置

在利用 Word 进行文档排版的时候，文档的页面设置直接影响了文档的排版布局，所以在熟悉了 Word 软件的基础操作之后，需要重点学习页面设置。本章主要介绍两部分内容，一部分是页面布局的设置，另一部分是页面的个性化设置。

2.1 页面布局设置

页面布局设置涉及文字方向、页边距、纸张方向、纸张大小等文字与纸张的参数，同时还包含排版效果的分栏、分节等设置。

01 怎样调整 Word 页面的纸张大小？

Word 文档默认的纸张大小是 A4，但不是所有的文档都要呈现在 A4 纸上，如本书就是在 A5 纸张上排版的。假如需要用 A3 纸张放置图纸，该如何调整文档的纸张大小呢？

在【布局】选项卡的功能区中单击【纸张大小】图标，在弹出的菜单中找到并选择【A3】命令，即可完成纸张从 A4 尺寸到 A3 尺寸的修改。

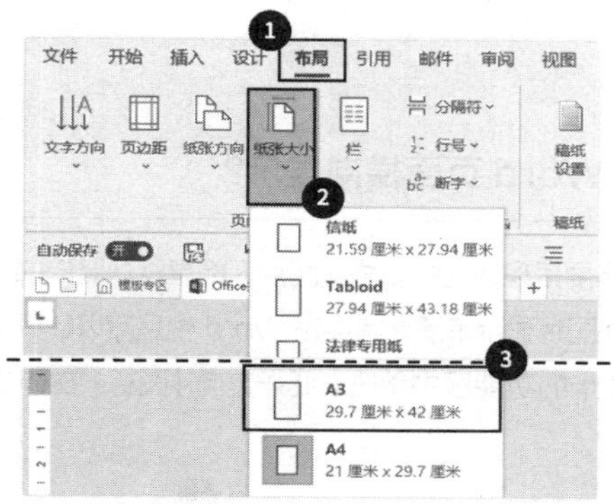

02 Word 文档的页边距设置为多少才合适？

页边距会影响内容的显示范围，页边距越小，内容区域就越大，反之同理。页边距该如何修改，修改为什么尺寸才合适呢？

在【布局】选项卡的功能区中单击【页边距】图标，在弹出的菜单中选择需要的页边距命令。

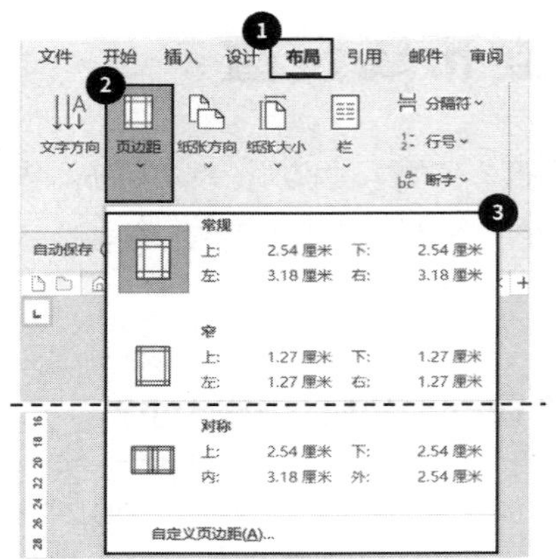

在编写普通文档的时候，如果没有特殊需求，直接选择默认的【常规】命令。

若只是为了节约纸张可以选择内置的【窄】命令。

特殊文档如学术论文，对页边距有特殊需求，这时就需要选择【自定义页边距】命令做单独修改了。

03 怎样让 Word 页面横向显示?

在文档中有时需要呈现横向的表格或图片，但是默认竖向的页面无法完整显示，缩小图片尺寸只会让图片显示不清，其实在 Word 中是可以让页面方向变为横向的。

在【布局】选项卡的功能区中单击【纸张方向】图标，在弹出的菜单中选择【横向】命令即可。

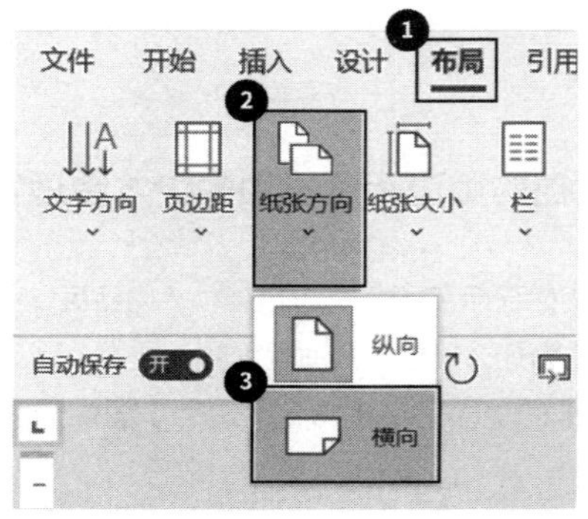

04 怎么设置文档左右分栏？

常见的报纸、杂志的双栏排版看上去更能节约纸张，如果想节省纸张，该如何在 Word 中设置左右分栏效果呢？

1 在【布局】选项卡的功能区中单击【栏】图标，在弹出的菜单中选择合适的栏数量即可。若预置的分栏效果达不到预期，可以选择【更多栏】命令。

2 在弹出的【栏】对话框中手动调整分栏数量、栏间距及应用范围。

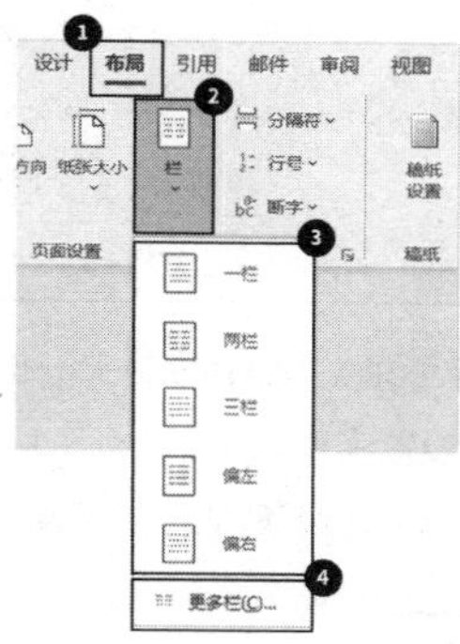

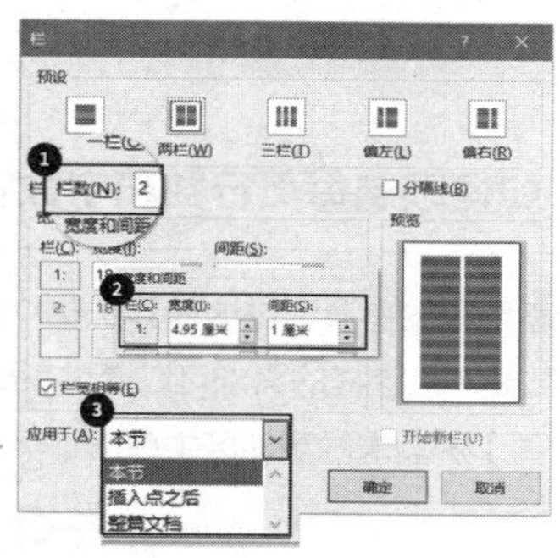

05 如何在 Word 里竖着打字？

除了常见的从左往右输入，从上往下换段的排版方式之外，还有一种排版方式是从上往下输入，从右往左换行换段的，这种排版方式该如何设置呢？

在【布局】选项卡的功能区中单击【文字方向】图标，在弹出的菜单中选择【垂直】命令即可。

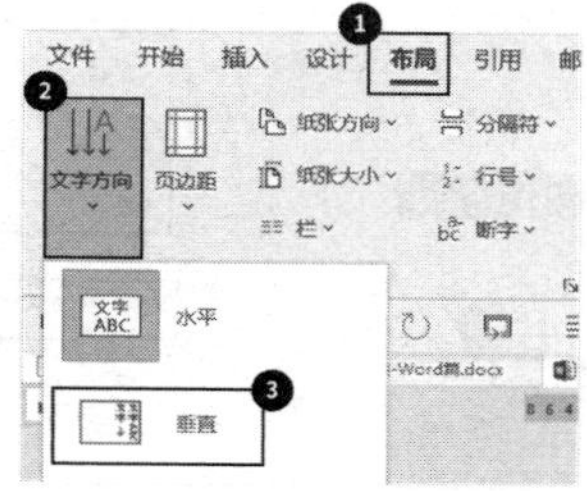

此时页面将自动切换为横向，闪烁的光标也出现在页面的右上角。

2.2 页面个性化设置

上一节针对页面布局的基本参数进行了讲解，本节将针对页面参数更为个性化的设计进行讲解。

01 如何限制每页行数和字数?

不知道你有没有遇到过这种异于平常的排版要求，文档中每一页都有固定的行数和字数要求。这样的需求可以通过布局参数设置实现。

1 在【布局】选项卡的功能区中单击【页面设置】组右下角的扩展箭头。

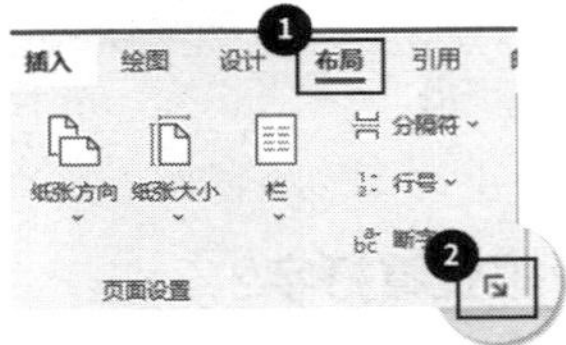

2 在弹出的【页面设置】对话框中，将选项卡切换到【文档网格】，在【网格】组里选择【指定行和字符网格】选项。

3 在【字符数】组和【行】组中修改每行字符数和每页行数，修改应用范围后单击【确定】按钮即可。

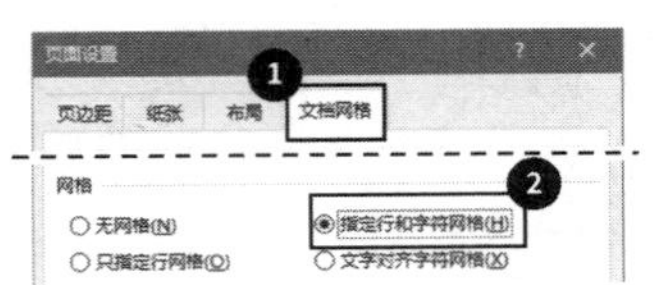

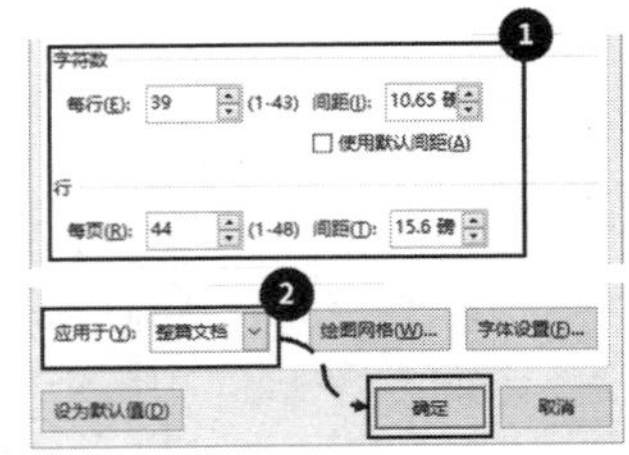

 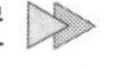

02 怎样在 Word 中制作稿纸?

学生时期我们都见过方格本、信笺纸这样的草稿本和信纸，其实在 Word 中也可以快速做出这种方格、横线型的稿纸效果。这里以制作方格稿纸为例。

1 在【布局】选项卡的功能区中单击【稿纸设置】图标。

2 在弹出的【稿纸设置】对话框中修改【网格】组的【格式】为【方格式稿纸】。

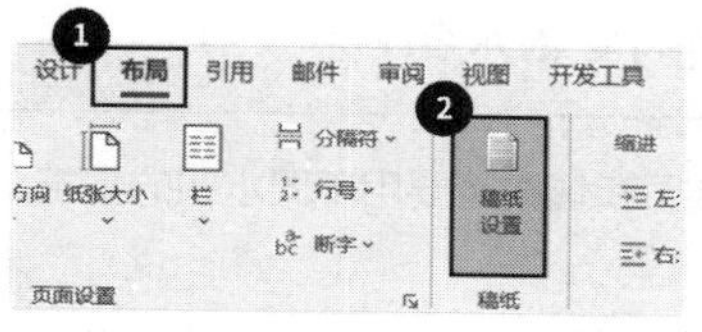

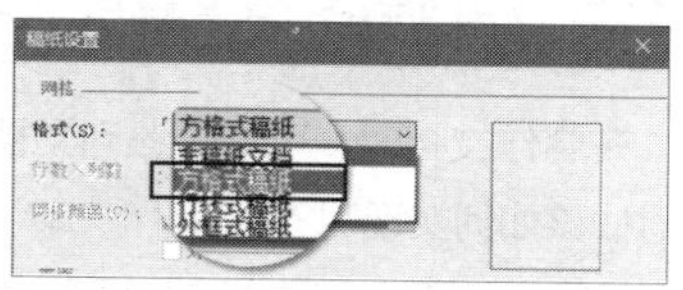

3 根据要求在对话框中的【网格】组设置稿纸的行数、列数、网格颜色，在【页面】组修改纸张大小与方向，在【页眉 / 页脚】组中设置对应参数。

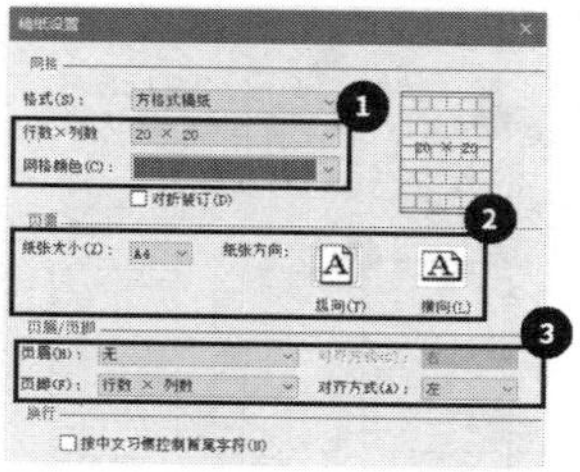

03 怎样给文档添加文本水印?

我们常常可以在一些文件中看到印着公司名称、Logo 甚至是“严禁复制”字样的文档，它们都是水印。水印用途很广，它能起到传递信息、宣传推广的作用，设置水印在 Word 中非常简单。

这里以为文档添加“机密”水印为例。

在【设计】选项卡的功能区中单击【水印】图标，在弹出的菜单中选择【机密 1】命令。

通过这样的操作就可以为文档添加上文字水印了。

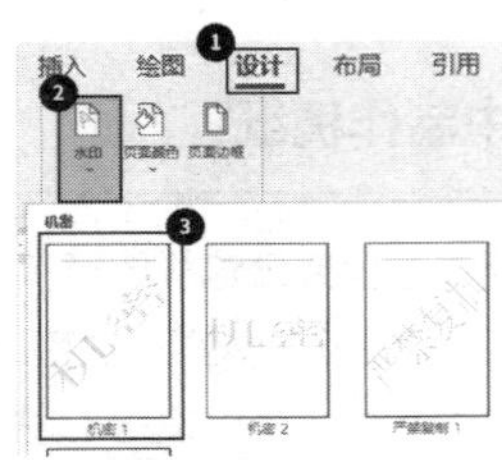

04 如何给文档设置奇偶页不同的文本水印?

在制作文档时，可能会遇到文档的奇数页和偶数页要用不同水印的需求，这个时候该如何实现呢?

这里以在奇数页插入“机密”水印，偶数页插入“紧急”水印为例。

1 在【设计】选项卡的功能区中单击【水印】图标，在弹出的菜单中选择【机密 1】命令。

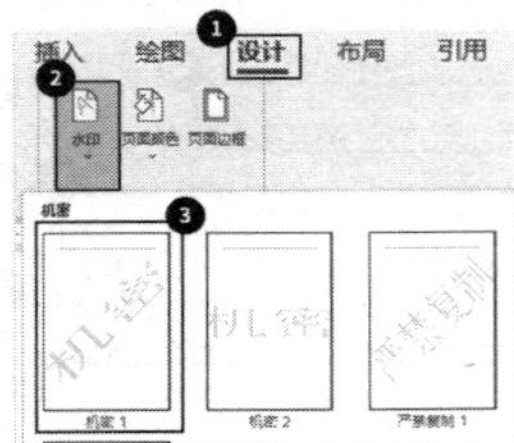

此时奇数页和偶数页都会显示“机密”水印。

2 双击奇数页的页眉，进入页眉编辑状态，在【页眉和页脚】选项卡的功能区中勾选【奇偶页不同】复选项。

3 右键单击奇数页的水印，在弹出的菜单中选择【复制】命令。

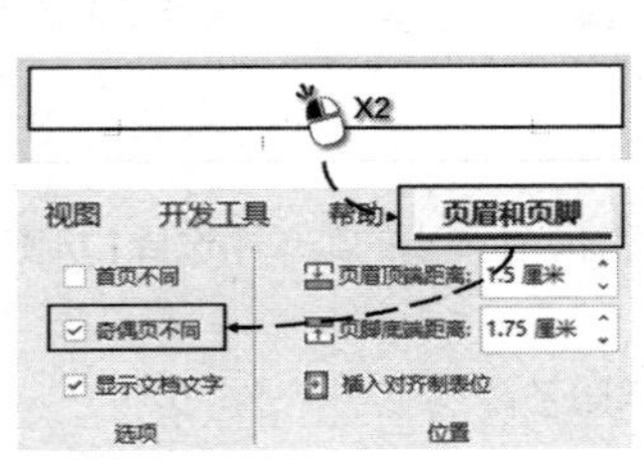

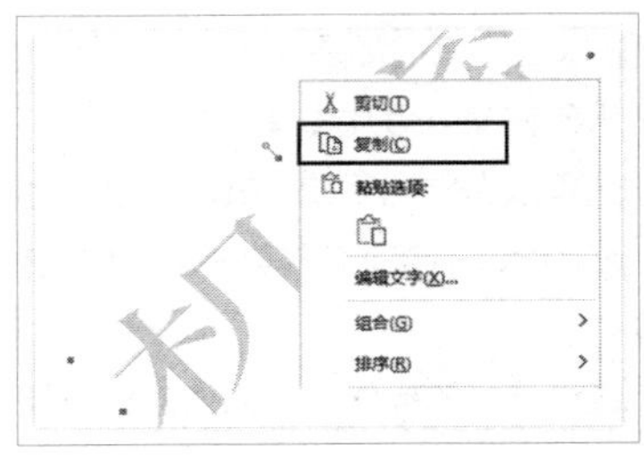

4 将光标定位到偶数页页眉，使用快捷键【Ctrl+V】粘贴水印。

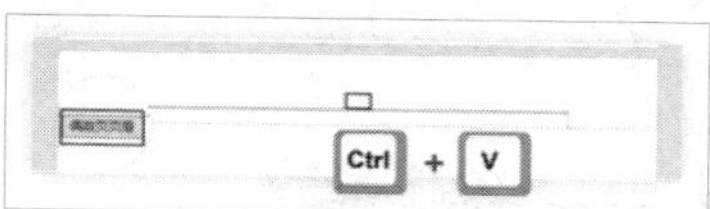

5 右键单击水印，在弹出的菜单中选择【编辑文字】命令。

6 修改水印文字为“紧急”后单击【确定】按钮。

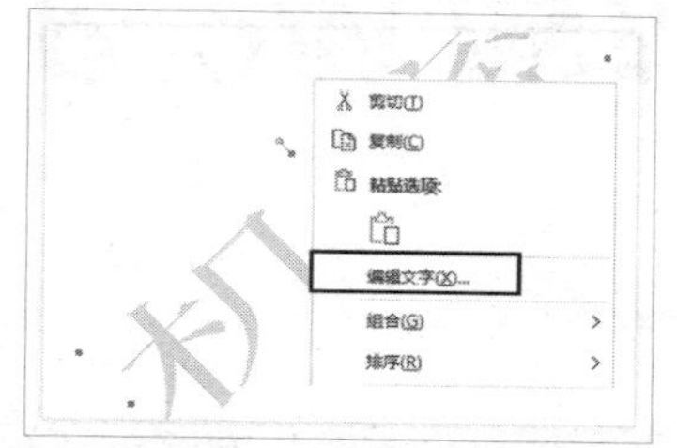

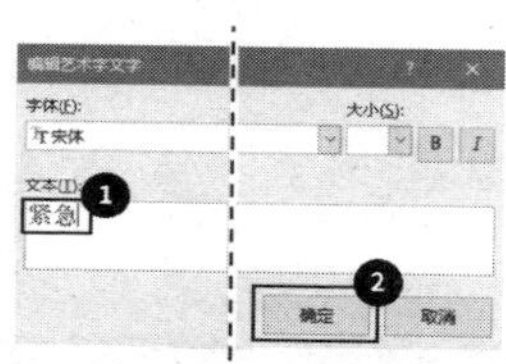

通过以上操作即可为奇偶页分别设置水印了。

05 怎样用 Word 给文档做封面?

项目策划书等长文档一般都会要求制作一个美观的封面，该如何才能快速地制作一份好看的封面呢?

在【插入】选项卡的功能区中单击【封面】图标，在弹出的菜单中找到并选择合适的封面，如【边线型】。

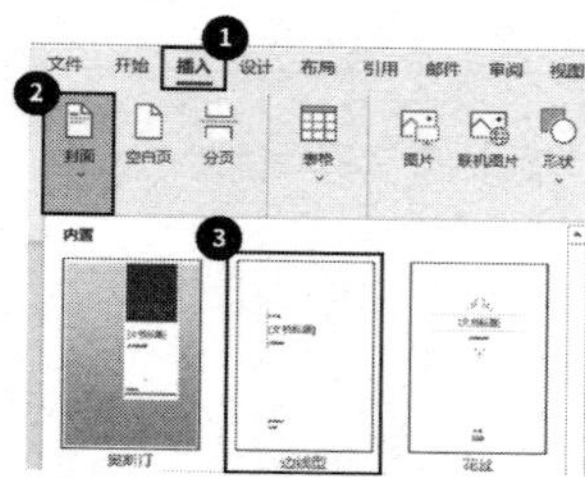

最后根据需要修改封面文本的内容即可。

和秋叶一起学

秒懂Word

第3章 文档内容输入

在完成页面布局设置之后，接下来就要进行文档内容的输入了，而在文档排版中最为基本的元素就是文字。本章内容主要涉及文本类内容的输入及相关的格式调整。

3.1 文本的插入与调整

文本是文档排版的基本元素，文本内容的输入和文本格式的调整是本节的重点内容。

01 怎样在 Word 中安装新字体?

排版时经常会用到很多字体，但是 Word 文档中没有这种字体怎么办呢?

这里以安装“思源黑体 CN Bold”字体为例进行介绍。

双击打开字体包装包，在弹出的【思源黑体 CN Bold】对话框中单击【安装】按钮，等待【安装】按钮变为灰色，即可完成字体安装。

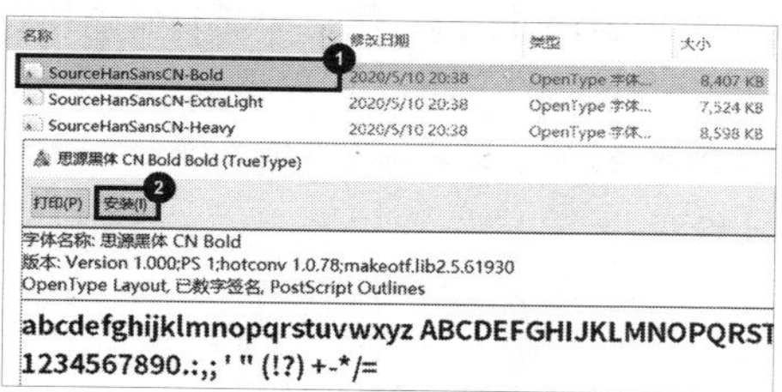

02 怎样设置比 72 号字更大的字体?

有时候需要设置超大的字体，比如招租等广告语，如何设置这些超大字体呢?

方法 1

在【开始】选项卡功能区的字号框中输入相应字号的磅值，如 80，按【Enter】键即可。

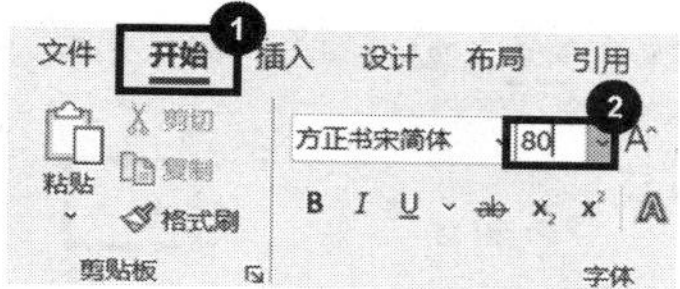

方法 2

在【开始】选项卡的功能区中单击【增大字号】图标或按快捷键【Ctrl+Shift+>】即可增大字号。

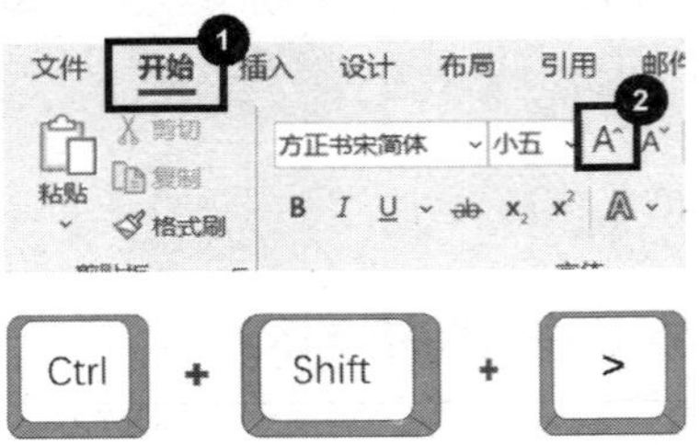

Ctrl + Shift + >

03 输入文字，总是“吞”字怎么办？

编辑 Word 文档时，为什么打字好好的，却总是被吞字呢，怎么避免这种情况发生呢？

按下键盘上的【Insert】键，即可将文本输入模式从吞字的【改写】模式更改为正常的【插入】模式。

04 如何在文档中输入上下标？

编辑 Word 文档时，经常会遇到需要插入单位符号的情况，如立方米符号 m^3，那如何设置上下标呢？

方法 1

在【X^2（上标）】/【X_2（下标）】图标。

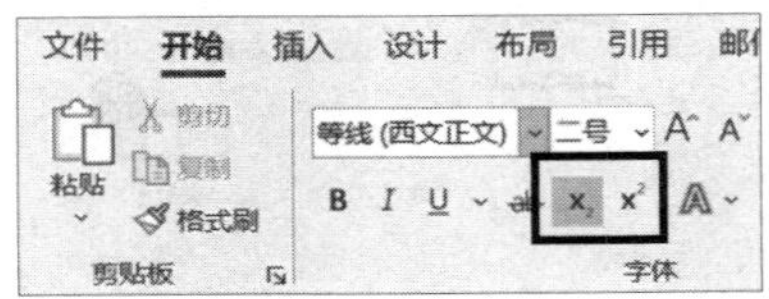

方法 2

选中需要加上、下标的字符，使用快捷键【Ctrl + Shift +=】和【Ctrl +=】。

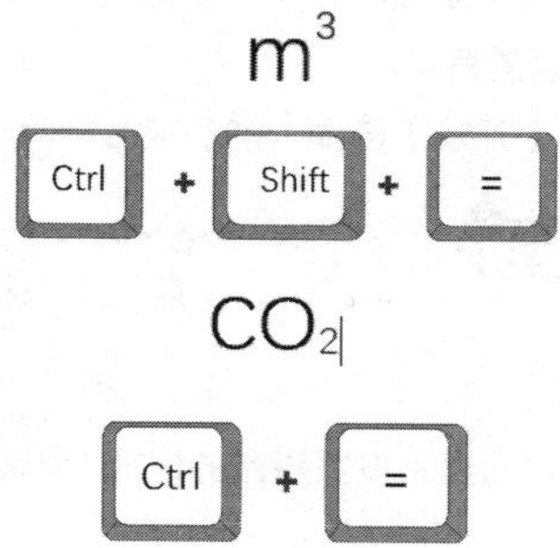

方法 3

选中文本后右键单击，在弹出的菜单中选择【字体】命令，在【字体】对话框中的【效果】组勾选【上标】或【下标】复选框。

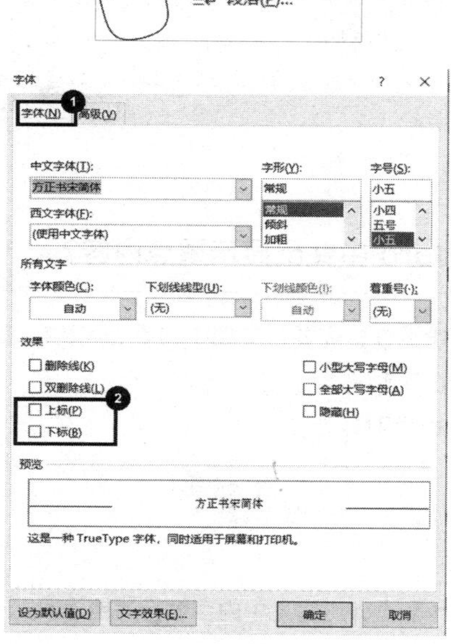

05 如何给文字添加拼音?

在编辑 Word 文档时，经常需要在文字上边标注汉语拼音，可以使用 Word 的工具为文字自动添加汉语拼音。

1 选择需注音的文字，在【开始】选项卡的功能区中单击【拼音指南】图标。

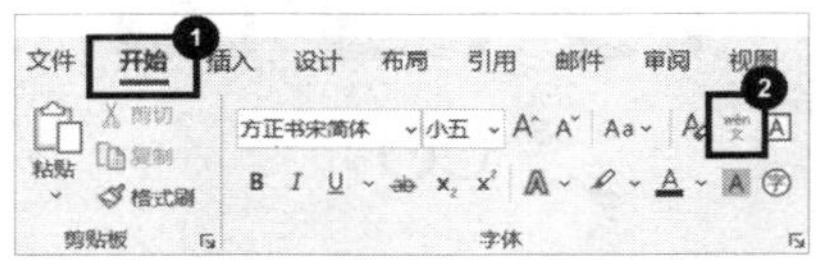

2 在弹出的【拼音指南】对话框中设置拼音的格式（如单字、词组等），单击【确定】按钮完成。

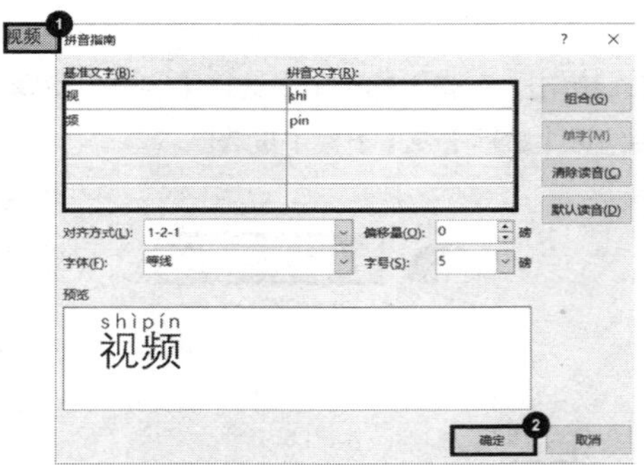

06 如何在 Word 中突出显示重点内容?

为了突出内容的重要性，需要将文档中的重点内容标注出来。Word 为我们提供了多种突出重点的方式。

首先选中需要突出的内容：

文本突出

方法 1：加粗显示

使用快捷键【Ctrl+B】即可将选中内容进行加粗显示。

文本突出→**文本突出**

方法 2：添加下划线

使用快捷键【Ctrl+U】即可为所选内容添加下划线。

文本突出→<u>文本突出</u>

方法 3：添加着重号

使用快捷键【Ctrl+D】打开【字体】对话框，在【所有文字】组中将【着重号】的【无】修改为【·】，单击【确定】按钮。

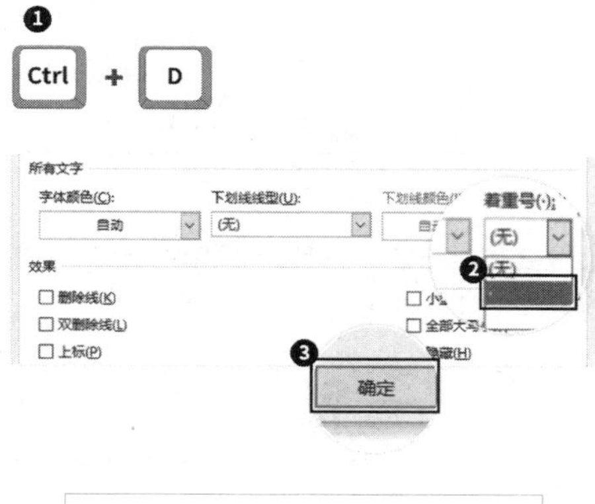

文本突出→文本突出

07 如何将小写字母改为大写？

经常需要在 Word 文档中把字母在大写、小写、小型大写之间转换，如何快速转换呢？

方法 1

在【开始】选项卡的功能区中单击【Aa（更改大小写）】图标，然后在弹出的菜单中选择需要转换的格式命令。

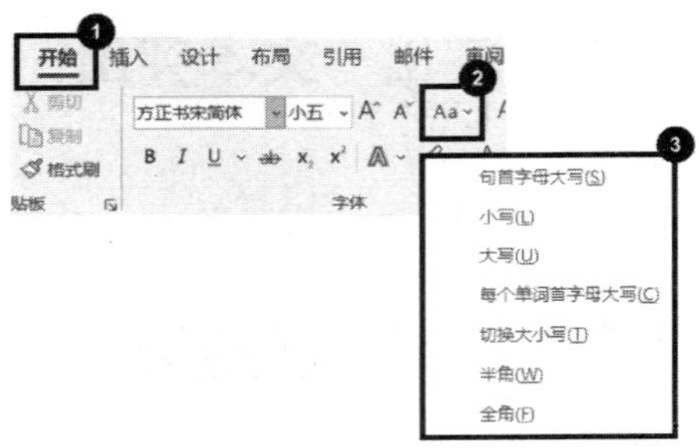

方法 2

选中需要更改大小写的英文内容，使用快捷键【Shift+F3】，就可以快速切换大小写效果了。

方法 3

选中英文文本后单击鼠标右键，在弹出的菜单中选择【字体】命令，在【字体】对话框的【效果】组中勾选【全部大写字母】复选项。

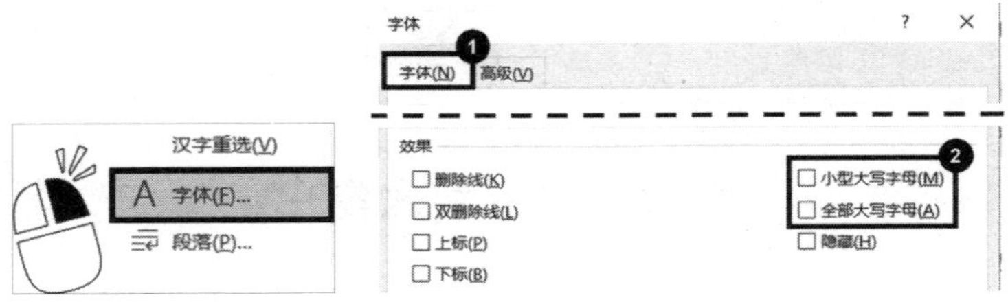

08 输入英文和数字，间距突然变得很大怎么办?

在编辑 Word 文档时，输入数字间距却变得很大，如正常的效果是“123”，异常的效果是“１２３”，这时该如何恢复正常呢?

在【开始】选项卡的功能区中单击【Aa（更改大小写）】图标，在弹出的菜单中选择【半角】命令即可让间距恢复正常。

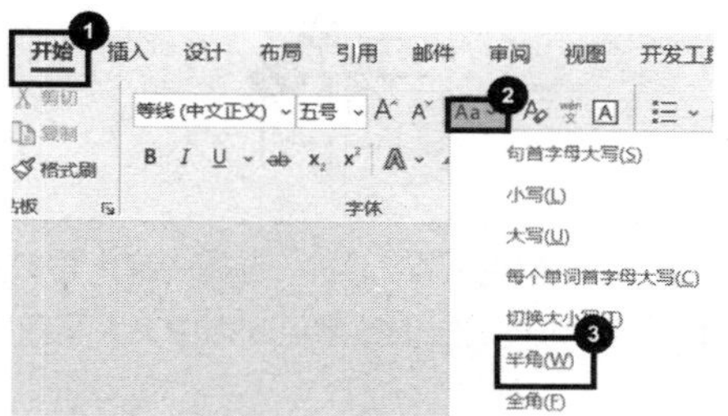

09 怎么去掉 Word 中的红色波浪线?

在编辑 Word 文档时，时不时会冒出一些红色波浪线，目的是提醒我们被标记的地方可能存在语法错误，如何去掉这些红色波浪线呢?

1 打开 Word 软件后，选择【文件】-【选项】命令。

2 在【Word 选项】对话框左侧选择【校对】命令，在右侧的【在 Word 中更正拼写和语法时】组中取消勾选所有复选项，单击【确定】按钮即可去掉文档中的红色波浪线。

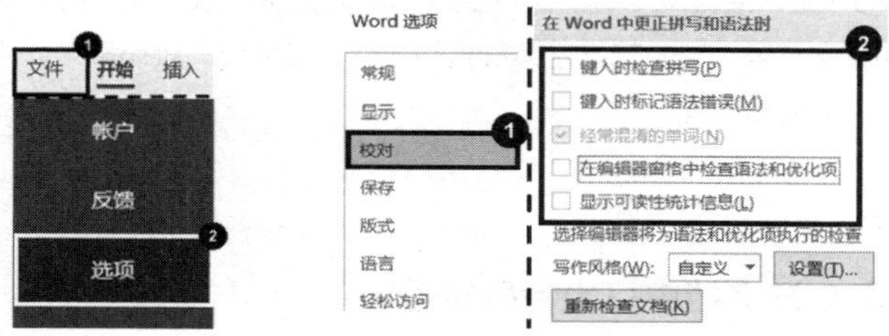

10 如何快速将财务数字改成中文大写格式?

在编辑 Word 文档时，有时需要把数字改成中文大写金额，便于阅读。此时该怎么修改呢?

1 选中待转换的阿拉伯数字后，在【插入】选项卡的功能区中，单击【符号】组中的【编号】图标。

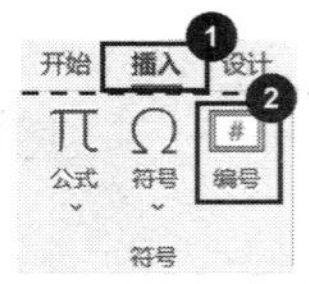

2 在【编号】对话框中向下拖动右侧的滑块，选择中文大写数字【壹，贰，叁 ...】命令，单击【确定】按钮即可将阿拉伯数字更改为中文大写数字。

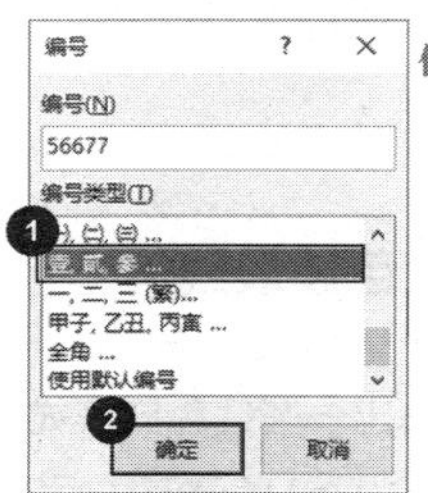

伍萬陆仟陆佰柒拾柒

3.2 特殊内容的插入

Word 文档中除了可以录入基本的文本内容之外，还支持多种特殊内容的录入，如特殊符号、单击就可打钩打叉的方框，甚至连二维码都可以制作，本节就来教你该如何实现。

01 怎么在文档中打出特殊符号?

使用 Word 文档输入品牌的时候，经常会需要在后面加上商标，那么如何快速输入商标符号呢?

1 输入品牌名后，按快捷键【Alt+Ctrl+ T】，即可输入“™”符号。

商标™

Ctrl + Alt + T

2 输入注册商标名后，按快捷键【Alt+ Ctrl+R】，即可输入“®”符号。

3 输入版权名后，按快捷键【Alt+Ctrl+ C】，即可输入“©”符号。

注册商标®

Ctrl + Alt + R

版权©

Ctrl + Alt + C

02 如何在文档中巧妙绘制漂亮分隔线?

在编辑 Word 文档时，添加一些分割线，会使某些内容显示得更美观、更有层次感，如何制作这些分隔线呢?

连续输入三个“-”符号，按【Enter】键，会自动绘制横线。

连续输入三个“=”符号，按【Enter】键，会自动绘制双划线。

连续输入三个“~”符号，按【Enter】键，会自动绘制波浪线。

连续输入三个“#”号，按【Enter】键，会自动绘制三划线。

03 如何在 Word 中制作复选框?

我们制作一些文档或填写一些表格时，需要在文字前面加入方框（用于打钩或打叉），这种方框是怎么实现的?

1 选择【文件】-【选项】命令。

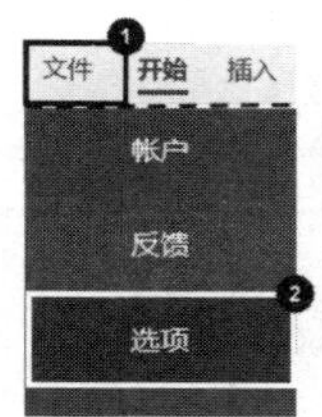

2 在弹出的【Word 选项】对话框中，单击【自定义功能区】命令。

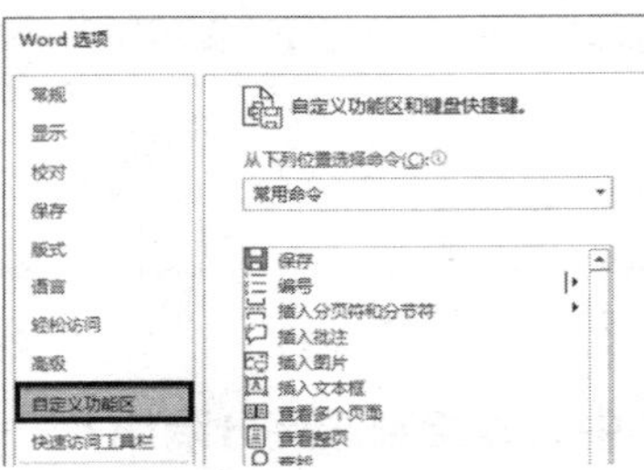

3 在右侧的【主选项卡】列表中勾选【开发工具】复选项，单击【确定】按钮完成【开发工具】选项卡的添加。

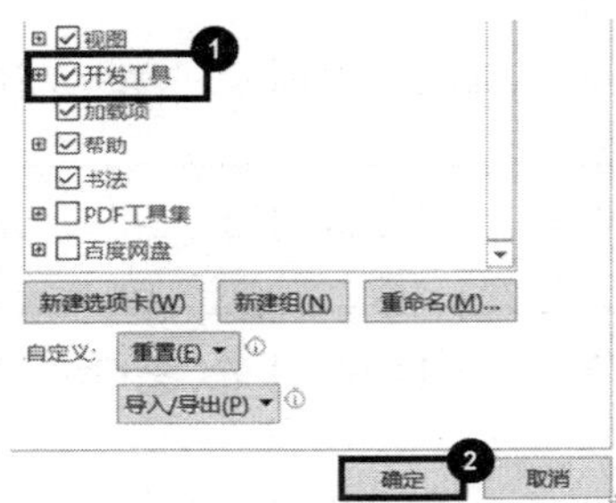

4 在【开发工具】选项卡的功能区中单击【复选框内容控件】图标，文档会自动插入一个可单击的方框，然后在功能区中单击【属性】图标。

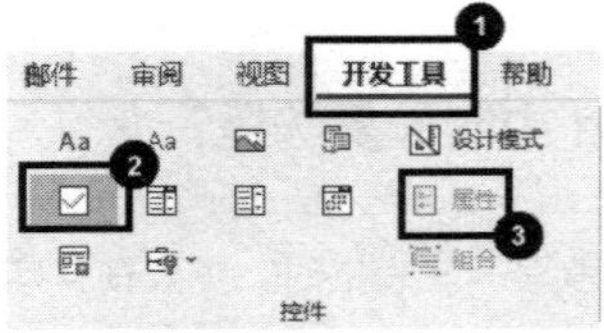

5 在【内容控件属性】对话框中，单击【复选框属性】组中【选中标记】后的【更改】按钮。

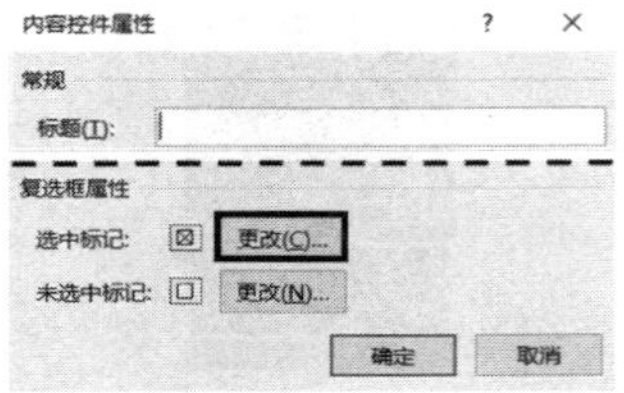

6 在弹出的【符号】对话框中修改【字体】为【Wingdings 2】，并在符号列

表中选中相应的“☑”符号，单击【确定】按钮完成修改。

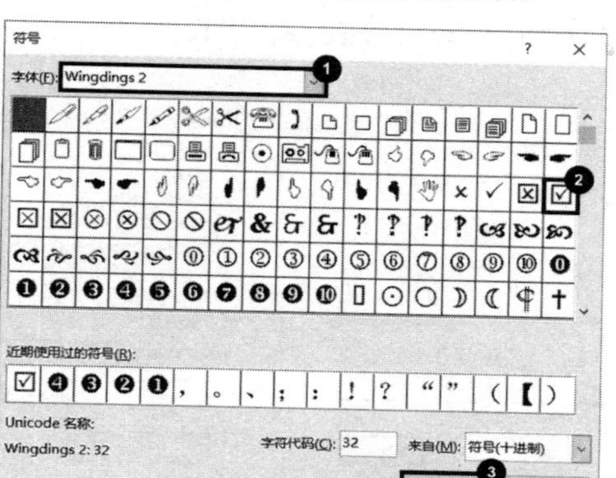

04 如何在 Word 中制作下拉列表？

我们经常在 Excel 中使用下拉列表来输入数据，避免数据的出错，在 Word 中也有一样的功能。

1 在【开发工具】选项卡的功能区中单击【下拉列表内容控件】图标。

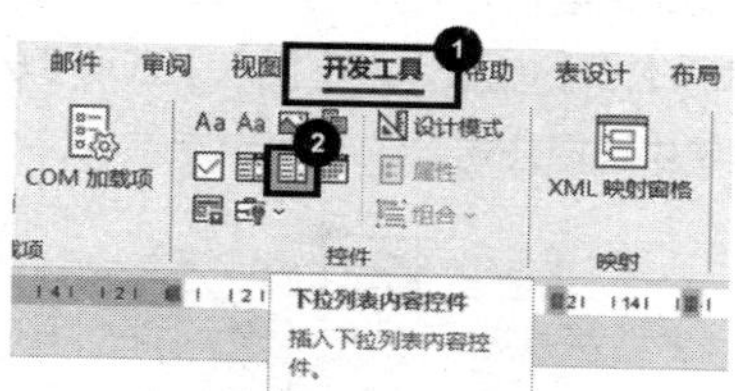

2 鼠标光标处会插入一个下拉列表内容控件，然后在功能区中单击【属性】图标。

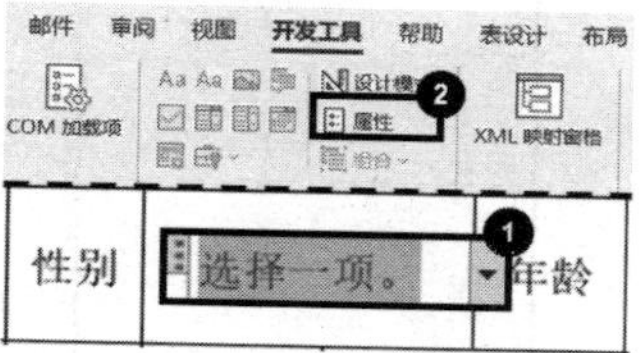

3 在【内容控件属性】对话框的【下拉列表属性】组中，单击【添加】按钮。

4 在弹出的【添加选项】对话框的【显示名称】输入框里输入下拉列表中的内容，

单击【确定】按钮关闭对话框，重复操作直至所有选项添加完成，最后单击【内容控件属性】对话框中的【确定】按钮完成所有设置。

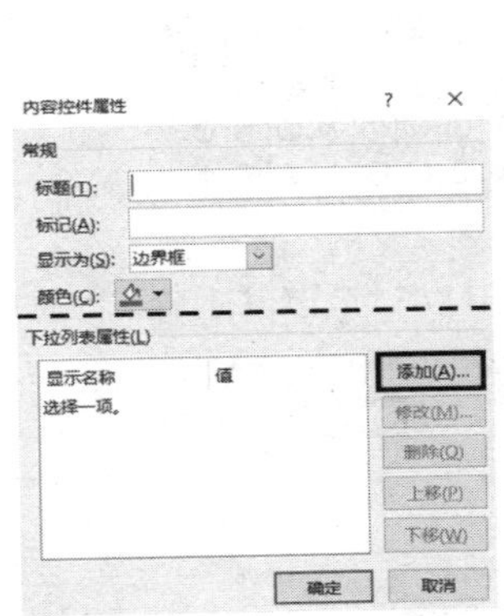

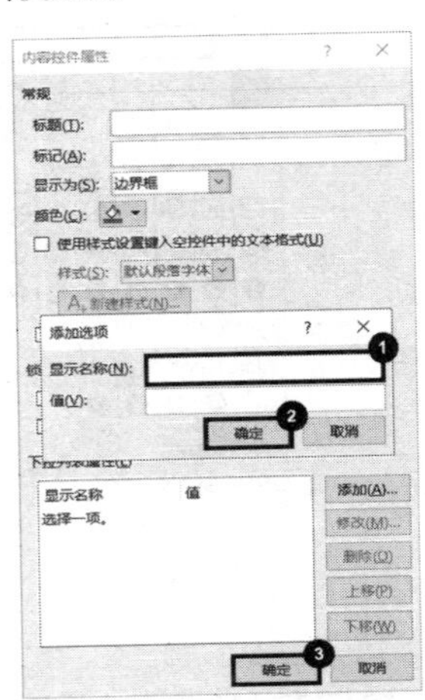

05 如何在 Word 中输入公式?

经常写测试卷、论文时需要输入一些公式，如何输入这些公式呢?

1 将光标定位在需要输入公式的位置，在【插入】选项卡的功能区中单击【π 公式】图标，在弹出的菜单中选择公式。

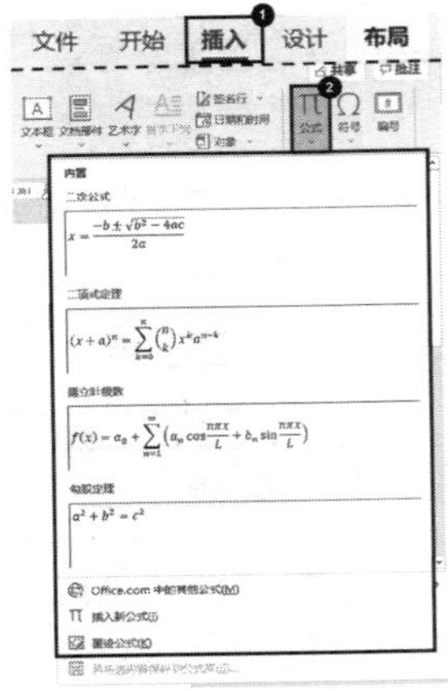

如果需要手动输入公式，可以在上一步中选择【插入新公式】，然后在公式编辑器中进行公式输入。这里以自由落体公式为例。

2 在公式输入框中输入“h=”；在【公式】选项卡的功能区中选择【分式】-【分式（竖式）】命令，在上下两框中分别输入 1 和 2 并按方向键【→】。

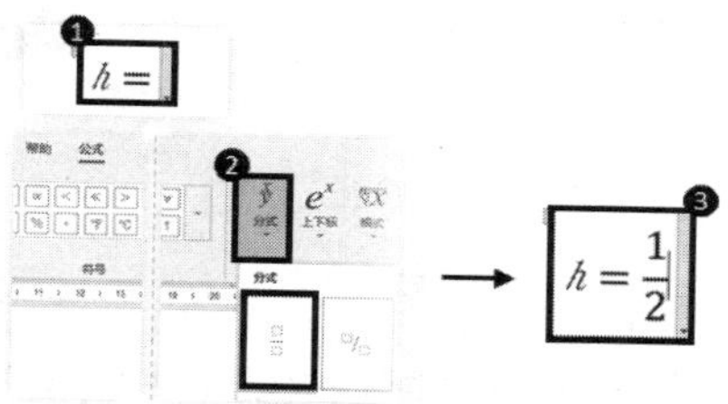

3 选择【上下标】-【上标】命令，在第一个框中输入“gt”，第二个框输入“2”。

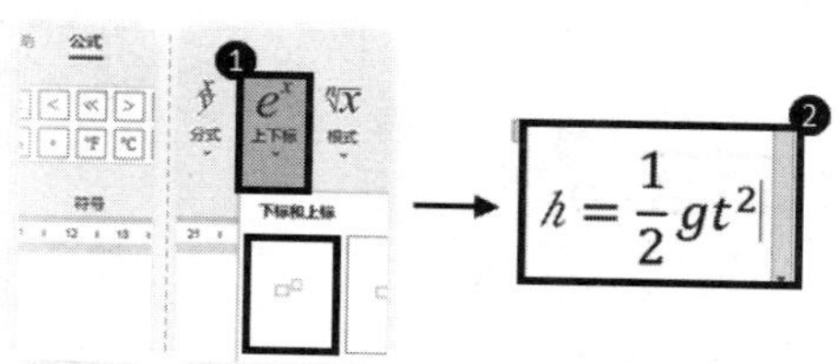

06 如何在 Word 中制作复杂的组织结构图?

做公司介绍的时候，经常需要绘制公司的组织结构图，部门太多，如何快速绘制组织结构图呢?

1 在【插入】选项卡的功能区中单击【SmartArt】图标。

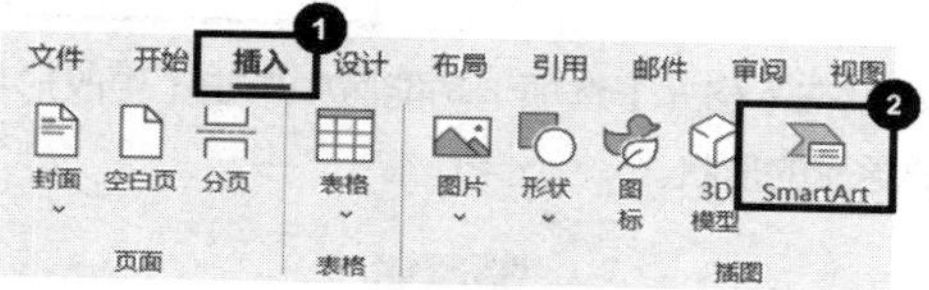

2 在弹出的【选择 SmartArt 图形】对话框中，单击选择【层次结构】-【组织结构图】，插入一个空白组织结构图。

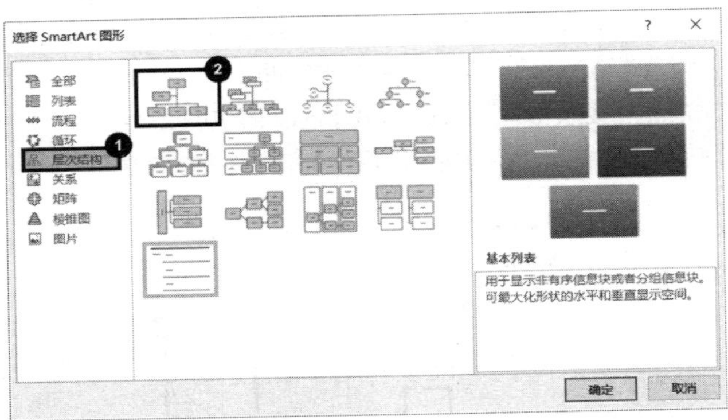

3 在【SmartArt 设计】选项卡的功能区中单击【文本窗格】图标，即可在【在此处键入文字】对话框中输入文本内容。

4 在【SmartArt 设计】选项卡的功能区中单击【添加形状】图标，选择需要的形状，即可增加形状数量。

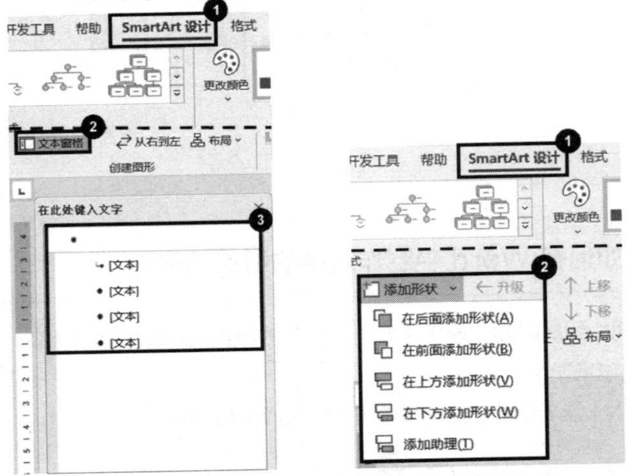

5 选中某一形状后，在【格式】选项卡功能区中单击【更改形状】图标，在弹出的菜单中选择需要更改的形状。

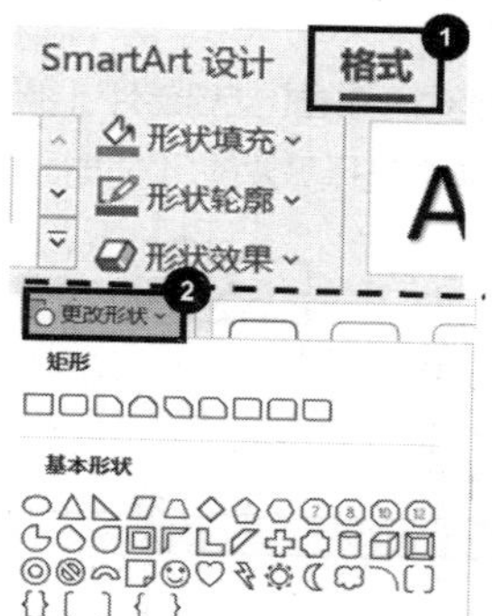

07 如何在 Word 中插入示例文本?

在学习 Word 的过程中，经常需要输入文字、段落作为练习素材，大段落地手打文字太低效，复制、粘贴又担心版权，这可怎么办呢?

1 在文档空白行中输入公式 “=rand（ ）”，按【Enter】键，就会自动生成一段中文。

=rand()

2 如果想生成三段文字，每段四句话，就输入公式“=rand（3，4）”，再按【Enter】键。

=rand(3,4)

3 同理，在 Word 中输入公式“=lorem（段落数，句子数）”，再按【Enter】键，会自动生成无意义的拉丁占位文本。

=lorem(3,4)

08 如何在文档中快速插入文档信息?

为了便于以后查找，我们可以在编辑完 Word 后，插入作者、创建时间等文档的基本信息。

在【插入】选项卡的功能区中，单击【文档部件】图标，在菜单中选择【文档属性】命令，然后在右侧弹出的菜单中选择需要的属性进行添加即可。

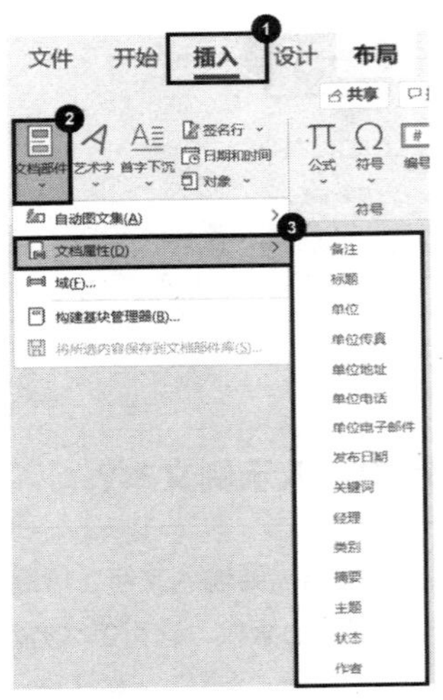

09 如何在 Word 中制作二维码?

生活中很多地方都会用到二维码，那么如何制作属于自己的二维码，可以自己动手用 Word 文档来制作。

1 在【开发工具】选项卡的功能区中单击【旧式工具】图标，在菜单中选择【ActiveX 控件】组的【其他控件】命令。

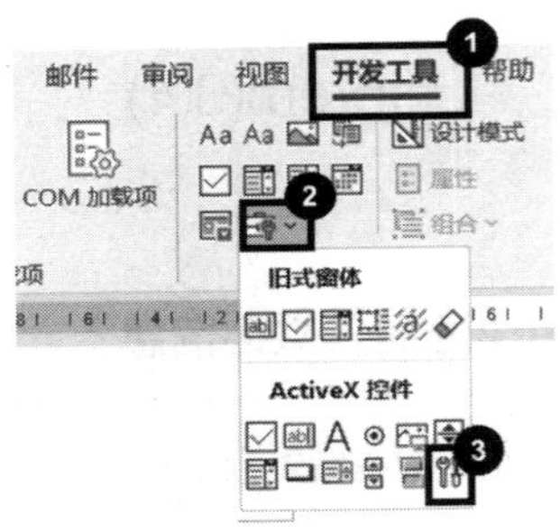

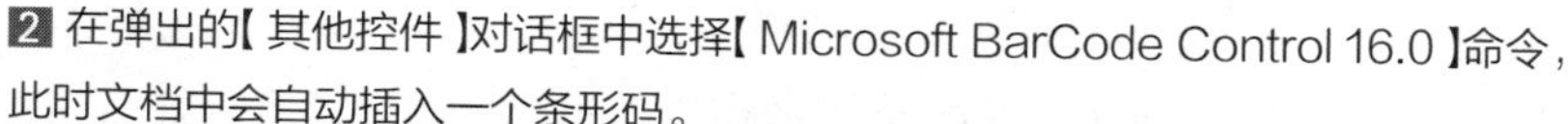

2 在弹出的【其他控件】对话框中选择【Microsoft BarCode Control 16.0】命令，此时文档中会自动插入一个条形码。

3 右键单击条形码，在弹出菜单中选择【属性】命令。

4 在【属性】对话框中单击【自定义】-【…】按钮。

5 在【属性页】对话框中，将【样式】更改为【11 - QR Code】，单击【确定】按钮。

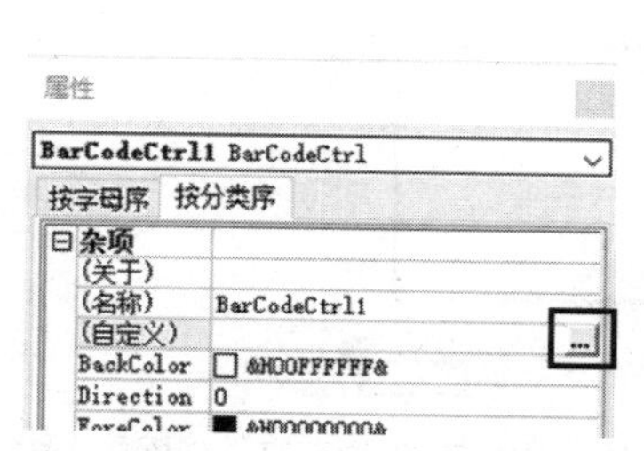

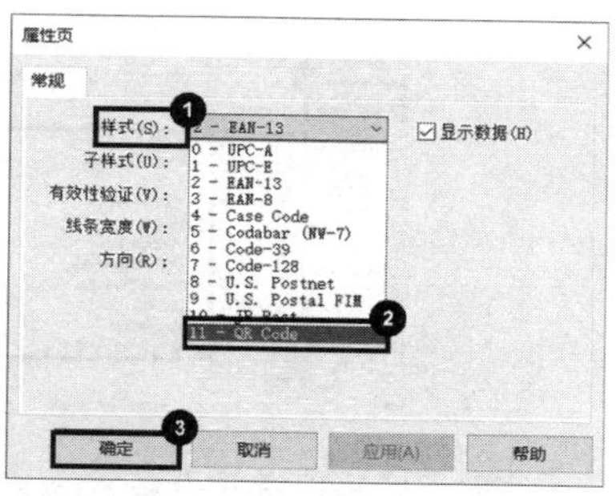

6 在【属性】对话框中的【Value】框中输入二维码要生成的内容。

10 如何在 Word 中设置超链接?

有时因为文档信息太多，可以在有些特定的词、句或图片中插入超链接给文档做注释，会更好理解，如何在 Word 中设置超链接呢?

1 在【插入】选项卡的功能区中单击【链接】图标。

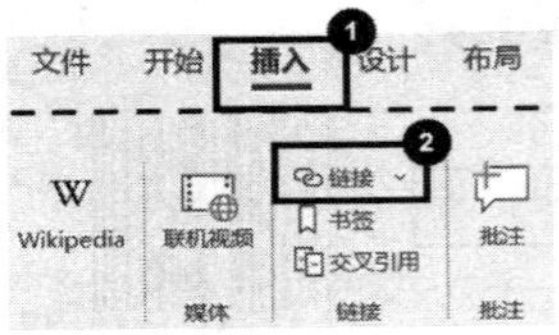

2 如果需要链接到本地文件，只需在【插入超链接】对话框中选择【原有文件或网页】-【当前文件夹】命令，然后选择待链接的文件 / 文件夹，单击【确定】按钮即可。

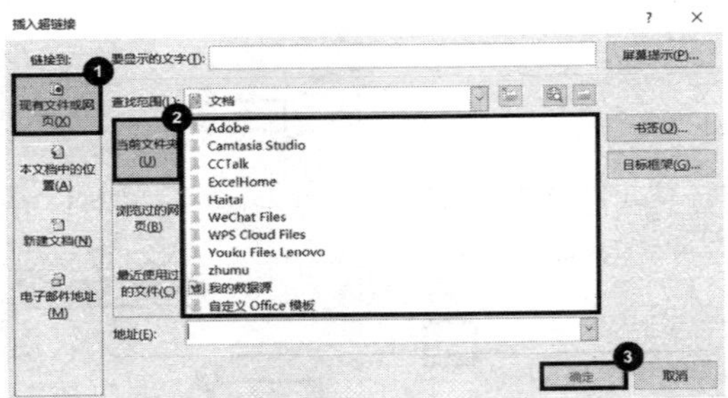

3 如果需要链接网页，只需在【插入超链接】对话框中选择【原有文件或网页】命令，在【地址】输入框中输入或粘贴网址，单击【确定】按钮即可。

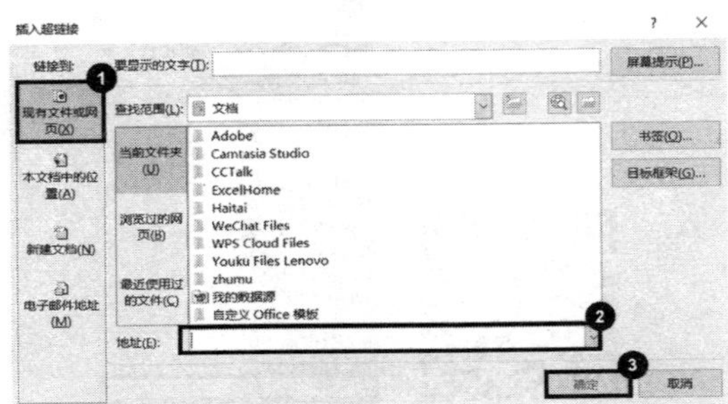

4 如果要链接到本文档中的位置，只需在【插入超链接】对话框中选择【本文档中的位置】命令，然后在右侧列表中选择要跳转的位置，然后单击【确定】按钮即可。

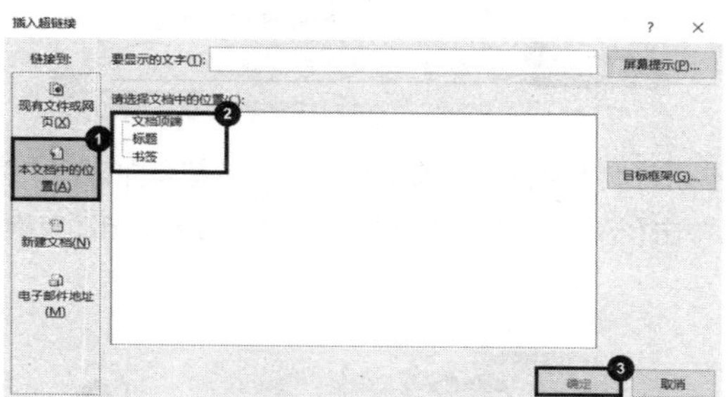

5 如果要链接到电子邮件，只需在【插入超链接】对话框中选择【电子邮件地址】命令，然后在【电子邮件地址】输入框输入、粘贴邮件地址或选择【最近用过的电子邮件地址】命令，单击【确定】按钮即可。

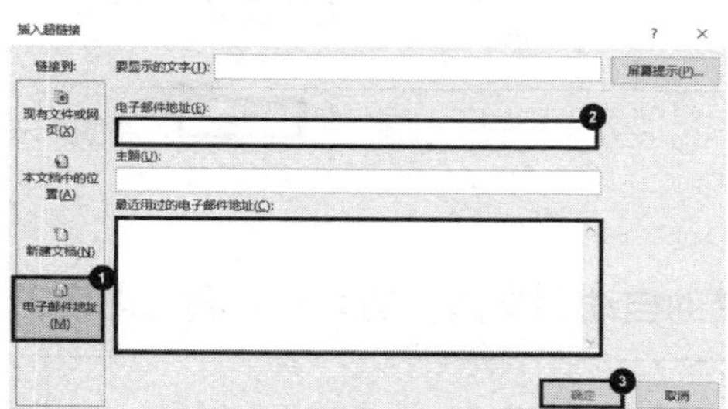

11 如何利用 Word 自动更正，快速输入文字?

对于经常输入错误的文字，我们可以利用自动更正功能来帮我们完成修正。

1 选择【文件】-【选项】命令。

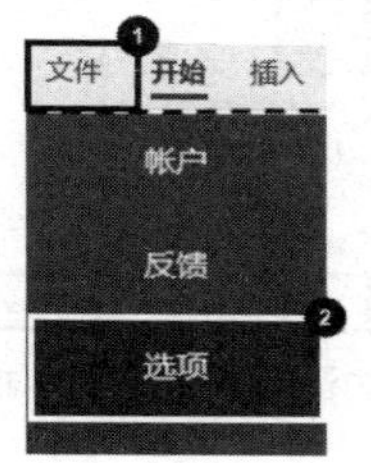

2 在弹出的【Word 选项】对话框中选择【校对】-【自动更正选项】命令。

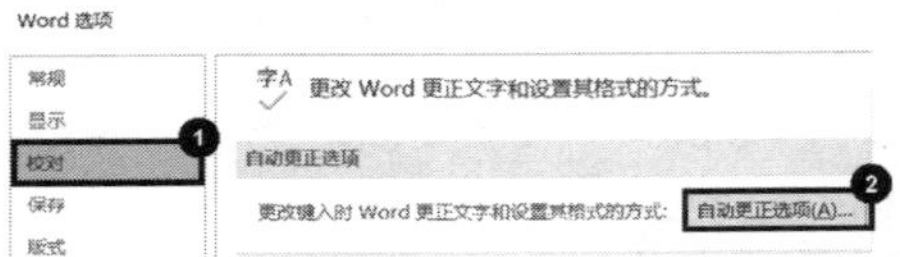

3 在【键入时自动替换】组的【替换】框中输入待替换内容，【替换为】框中输入替换的内容，单击【添加】按钮。重复操作可以添加多个自动替换选项，单击【确定】按钮完成。

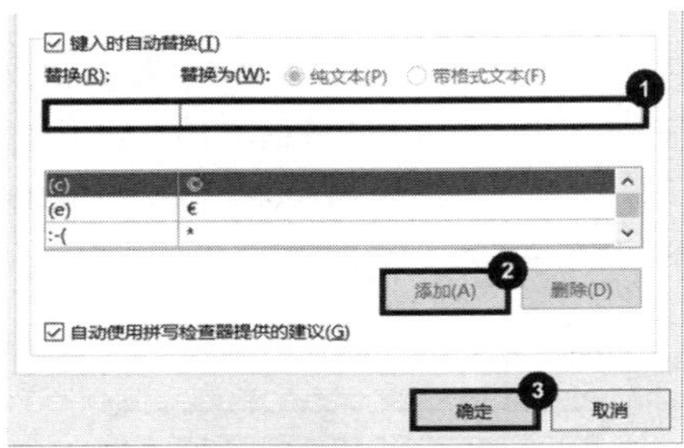

12 如何借助自动图文集，插入常用图文内容?

经常需要输入某些相同的文字，而重复打字太烦琐，我们可以利用自动图文集来轻松一下。

1 选中图文内容，在【插入】选项卡的功能区中单击【文档部件】图标，在弹出菜单中选择【将所选内容保存到文档部件库】命令。

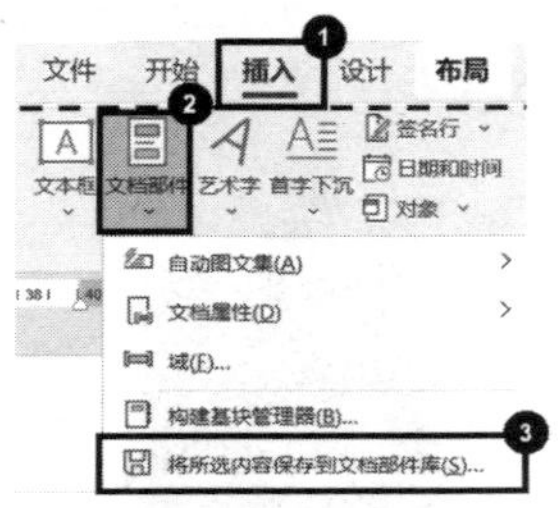

2 在弹出的【新建构建基块】对话框的【名称】框内输入名称，单击【确定】按钮完成设置。

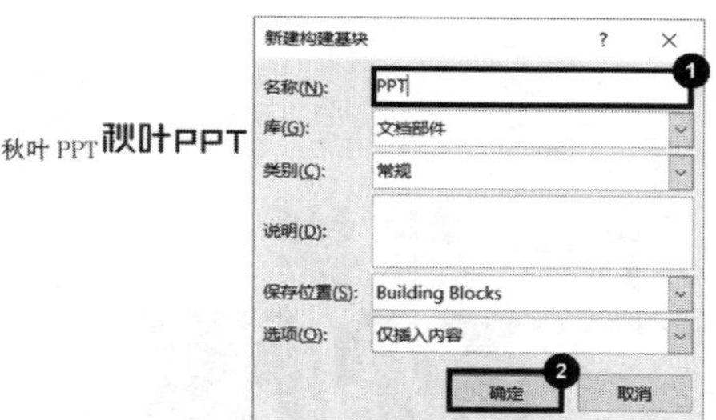

3 在【插入】选项卡的功能区中单击【文档部件】图标，在菜单中选择新创建的图文集即可完成插入。

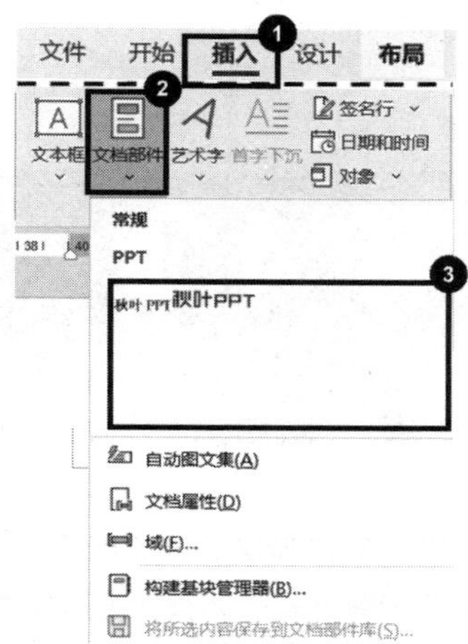

第 4 章
段落格式与样式

完成了基本文字内容的输入及基础的文字格式设置后，我们将在本章学习段落格式的调整。段落作为长文档的排版基本单位，它的格式设置极大地影响了文档的阅读体验。除此之外，本章也将介绍长文档自动化排版中最为重要的样式功能。

4.1 段落格式的设置

本节主要介绍段落的对齐、前后的间距、段落中行与行距离、段落分页及段落间排序等功能。

01 如何快速清除网络上复制到 Word 中的文本的格式?

从网上直接复制内容到 Word，里面往往带有很多复杂的格式，影响阅读及后续编辑。这些格式该如何快速清除呢?

1 选中需要清除格式的内容。

- Word 技巧大全
- 2020-05-02
- 4979
- 0

今天，给大家分享一些 Word 常用技巧。

Word 文字批量转成表格

2 在【开始】选项卡的功能区中，单击【清除所有格式】图标。

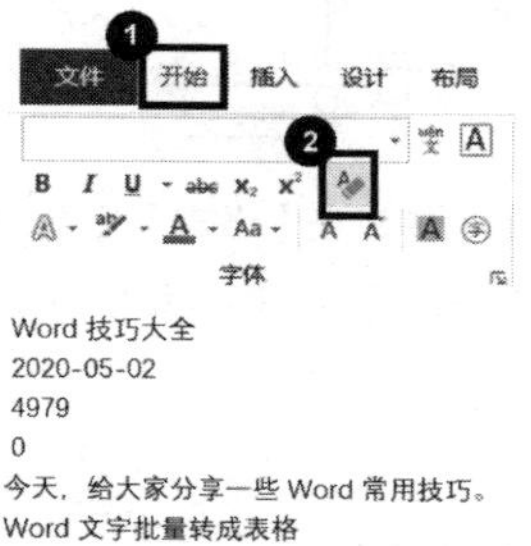

02 如何在 Word 中快速换页?

编辑文档时，常常遇到新的内容需要另起一页编辑的情况。一直按【Enter】键不仅操作烦琐，一旦内容有删减，就得重新调整。有什么方法可以不按【Enter】键，实现快速换页呢?

1 将光标定位在要换页的位置。

2 在【插入】选项卡的功能区中单击【分页】图标或使用快捷键【Ctrl+Enter】即可完成页面分页。

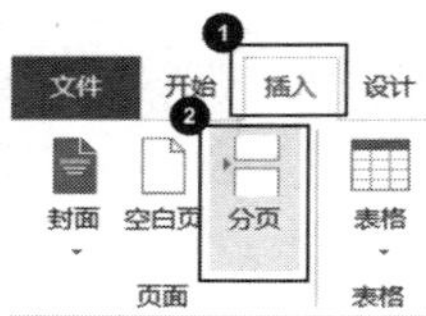

03 如何为段落应用样式时自动换页?

开始新的一级标题的时候，往往需要重新开始新的一页。如何实现在添加标题的时候就自动换页的功能呢?

这里以应用 “标题 1”样式时自动换页为例。

1 在【开始】选项卡的功能区右键单击【样式】组中的【标题 1】样式，在弹出的菜单中选择【修改】命令。

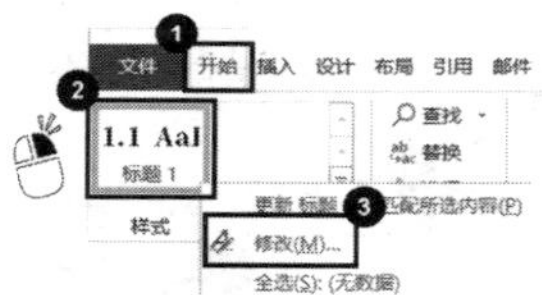

2 在弹出的【修改样式】对话框中单击【格式】按钮，在菜单中选择【段落】命令。

3 在弹出的【段落】对话框中，切换到【换行和分页】选项卡后，勾选【段前分页】复选项；单击【确定】按钮。

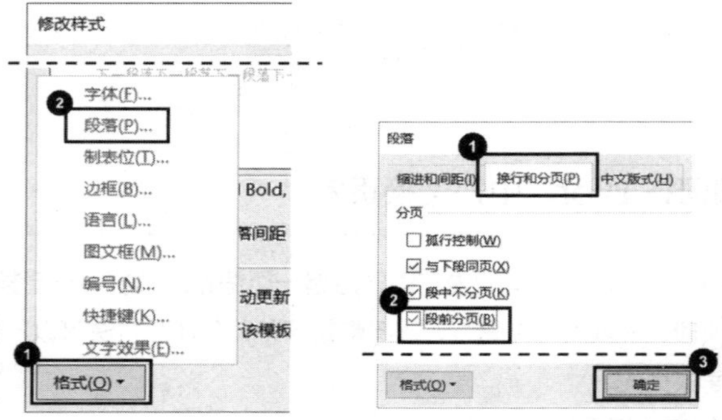

04 如何不敲空格快速对齐文本？

使用 Word 的过程中，有很多场景都需要对上下文进行对齐。手动敲空格不仅操作烦琐，还会遇到很多“空半格”或字体字号等带来的无法精准对齐的情况。有什么更精确的方法吗？

首先选中所需要设置对齐的段落。

使用 Word 的过程中，有很多场景都需要对上下文进行对齐。手动敲空格不仅操作繁琐，还会遇到很多“空半格”或者字体字号等带来的无法精准对齐的情况。有什么比敲空格更简单精确的方法吗？使用 Word 的过程中，有很多场景都需要对上下文进行对齐。手动敲空格不仅操作繁琐，还会遇到很多“空半格”或者字体字号等带来的无法精准对齐的情况。有什么比敲空格更简单精确的方法吗？使用 Word 的过程中，有很多场景都需要对上下文进行对齐。手动敲空格不仅操作繁琐，还会遇到很多“空半格”或者字体字号等带来的无法精准对齐的情况。有什么比敲空格更简单精确的方法吗？

1. 段落文本的简单对齐

在【开始】选项卡功能区的【段落】组中选择所需要的对齐方式（左对齐、居中对齐、右对齐、两端对齐）即可。

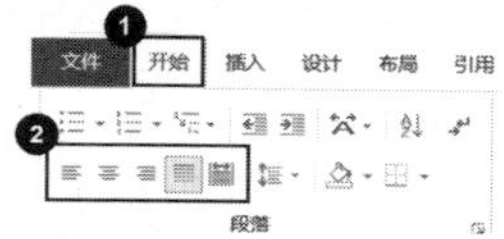

使用 Word 的过程中，有很多场景都需要对上下文进行对齐。手动敲空格不仅操作繁琐，还会遇到很多“空半格”或者字体字号等带来的无法精准对齐的情况。有什么比敲空格更简单精确的方法吗？使用 Word 的过程中，有很多场景都需要对上下文进行对齐。手动敲空格不仅操作繁琐，还会遇到很多“空半格”或者字体字号等带来的无法精准对齐的情况。有什么比敲空格更简单精确的方法吗？使用 Word 的过程中，有很多场景都需要对上下文进行对齐。手动敲空格不仅操作繁琐，还会遇到很多“空半格”或者字体字号等带来的无法精准对齐的情况。有什么比敲空格更简单精确的方法吗？

2. 两侧含缩进的文本对齐

1 在【开始】选项卡的功能区中单击【段落】组右下角的箭头图标。

2 在弹出的【段落】对话框中，修改【缩进和间距】选项卡下【常规】一栏的【对齐方式】的参数，修改【缩进】一栏【左侧】和【右侧】后的数值，单击【确定】按钮即可。

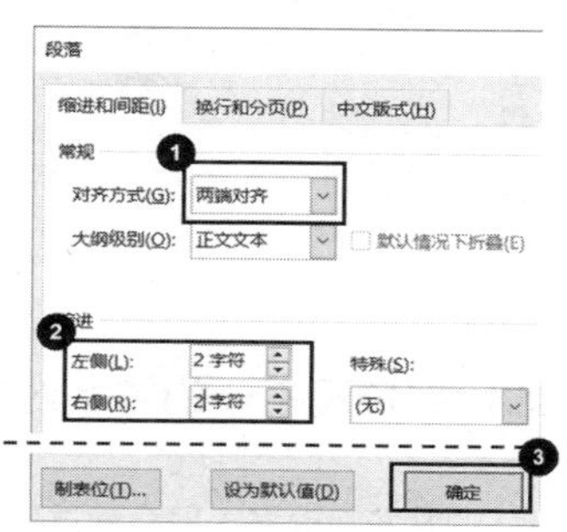

05 如何清除文章换行后莫名奇妙出现的空白?

相信很多读者遇到过这种情形：明明我只按了一次【Enter】键换行，可是中间却出现了大段的空白。这些空白该如何清除呢?

以“正文”样式下换行后空白的清除为例。

1 在【开始】选项卡的功能区中，右键单击【正文】样式，在菜单中选择【修改】命令。

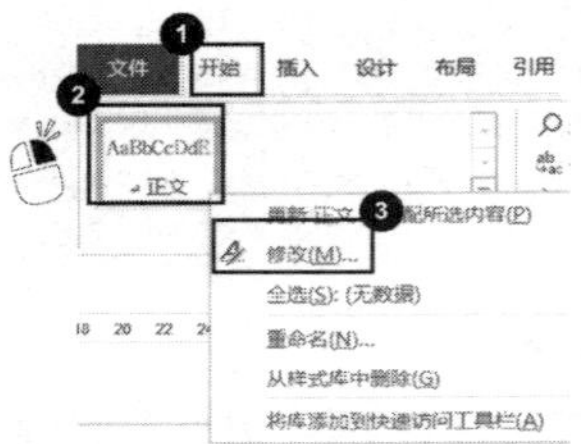

2 在弹出的【修改样式】对话框中单击【格式】按钮，选择【段落】命令。

3 在弹出的【段落】对话框中单击切换到【换行和分页】选项卡，取消勾选【段前分页】复选项，单击【确定】按钮即可。

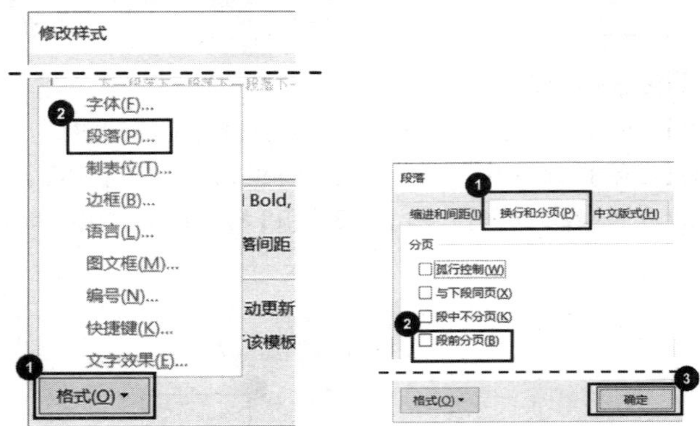

06 如何把长短不一的姓名对齐?

长短不一的姓名，很多人只会通过在姓名之间敲空格来进行对齐，这样的方

法并不高效，有什么实用的方法可以实现多个姓名的快速对齐呢？

1 选中所有需要对齐的姓名。

2 在【开始】选项卡的功能区中，单击【分散对齐】图标。

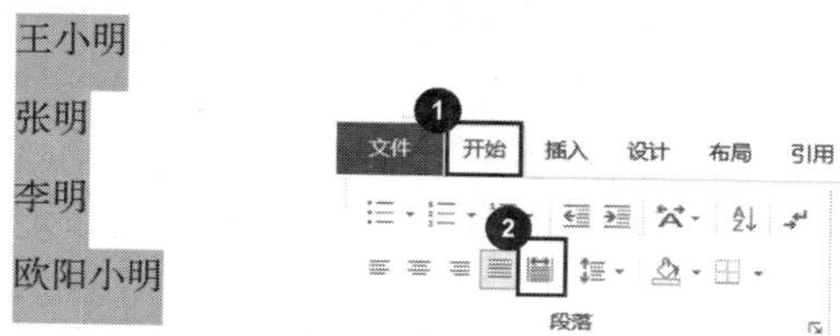

3 在弹出的【调整宽度】对话框中输入新文字宽度（一般选择和当前文字中最长的宽度即可），单击【确定】按钮。

通过以上操作就可以实现多个姓名的快速对齐了。

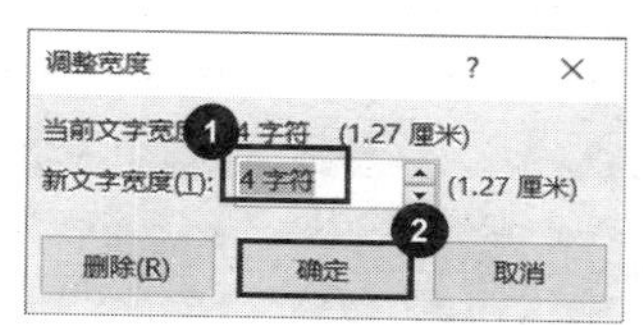

王 小 明

张　　明

李　　明

欧阳小明

07 如何让名单按姓氏笔画排序？

在很多名单后面，都会出现“按姓氏笔画排序”的说明。三个五个名字的时候勉强还可以手动调整，那如果有三五十个呢？你还要一个一个手动调整吗？

1 选中所有姓名。

2 在【开始】选项卡的功能区中单击【排序】图标。

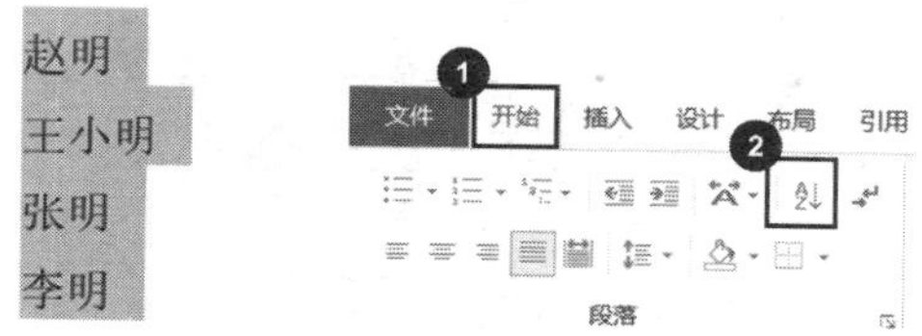

3 在弹出的【排序文字】对话框中，修改【主要关键字】为【段落数】，修改【类型】为【笔划】并选择【升序】选项，单击【确定】按钮。

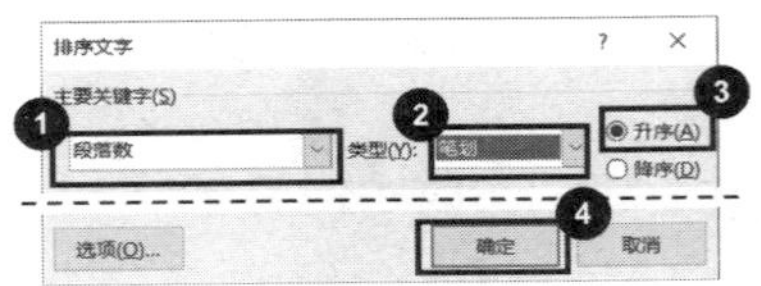

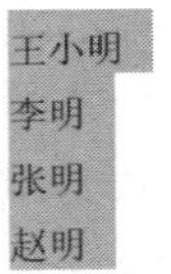

08 如何让英文文献按首字母进行排序?

撰写学术论文并进行排版是 Word 十分实用的功能之一。如果参考文献引用了多篇英文文献，如何对其按照首字母进行排序呢?

1 将所列出的参考文献使用自动编号，并选中参考文献。

1. Zhang A, Bai H, Li L. Breath figure: A nature-inspired preparation method for ordered porous films[J]. Chemical Reviews, 2015, 115(18): 9801–9868.
2. Yang X-Y, Chen L-H, Li Y, et al. Hierarchically porous materials: synthesis strategies and structure design[J]. Chemical Society Reviews, 2017, 46(2): 481–558.
3. Wan L S, Zhu L W, Ou Y, et al. Multiple interfaces in self-assembled breath figures[J]. Chemical Communications, 2014, 50(31): 4024–4039.
4. Zhang L, Zhao J, Xu J, et al. Switchable isotropic/anisotropic wettability and programmable droplet transportation on a shape-memory honeycomb[J]. ACS Applied Materials & Interfaces, 2020, 12(37): 42314–42320.
5. Zhu C, Tian L, Liao J, et al. Fabrication of bioinspired hierarchical functional structures by using honeycomb films as templates[J]. Advanced Functional Materials, 2018, 28(37): 1803194.
6. Wang W, Du C, Wang X, et al. Directional photomanipulation of breath figure arrays[J]. Angewandte Chemie International Edition, 2014, 53(45): 12116–12119.

2 在【开始】选项卡的功能区中单击【排序】图标。

3 在弹出的【排序文字】对话框中，修改【主要关键字】为【段落数】，修改【类型】为【拼音】并选择【升序】选项，单击【确定】按钮。

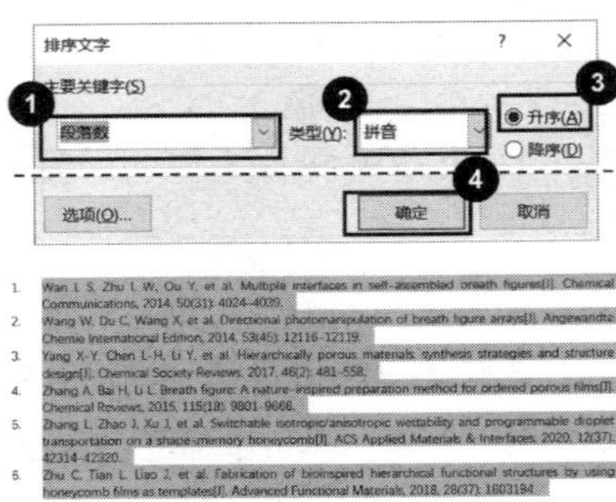

1. Wan L S, Zhu L W, Ou Y, et al. Multiple interfaces in self-assembled breath figures[J]. Chemical Communications, 2014, 50(31): 4024–4039.
2. Wang W, Du C, Wang X, et al. Directional photomanipulation of breath figure arrays[J]. Angewandte Chemie International Edition, 2014, 53(45): 12116–12119.
3. Yang X-Y, Chen L-H, Li Y, et al. Hierarchically porous materials: synthesis strategies and structure design[J]. Chemical Society Reviews, 2017, 46(2): 481–558.
4. Zhang A, Bai H, Li L. Breath figure: A nature-inspired preparation method for ordered porous films[J]. Chemical Reviews, 2015, 115(18): 9801–9868.
5. Zhang L, Zhao J, Xu J, et al. Switchable isotropic/anisotropic wettability and programmable droplet transportation on a shape-memory honeycomb[J]. ACS Applied Materials & Interfaces, 2020, 12(37): 42314–42320.
6. Zhu C, Tian L, Liao J, et al. Fabrication of bioinspired hierarchical functional structures by using honeycomb films as templates[J]. Advanced Functional Materials, 2018, 28(37): 1803194.

09 Word 中使用微软雅黑字体后，行距变大了怎么办?

微软雅黑是 Word 中一种十分常见的字体，但如果直接把文字字体修改为微软雅黑，常常会出现行距变大的情况，这种问题如何解决呢?

1 选中调整过字体的文字。

2 在【开始】选项卡的功能区中单击【段落】组右下角的扩展按钮。

3 在弹出的【段落】对话框中，在【缩进和间距】选项卡的【间距】组，取消勾选【如果定义了文档网格，则对齐到网格】复选项，单击【确定】按钮。

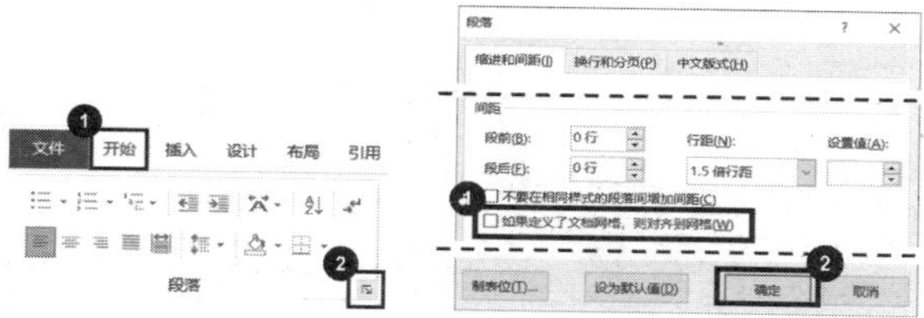

4 若行距依然很大，可以将【间距】组的【行距 (N)】改为【固定值】。

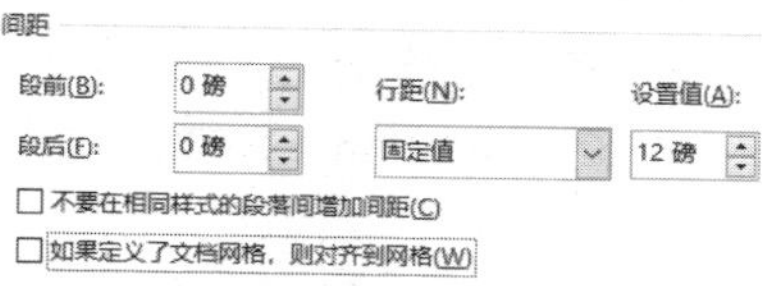

10 如何不敲空格设置段落开头空两格的效果?

很多规范文档书写都会有段落开头空两格的要求。手动敲空格键不仅操作烦琐，一不小心还会出现多敲或少敲空格的情况。有什么方法可以不敲空格键，就得到段落开头空两格的效果呢?

情况 1：对单独段落进行设置

1 选中需要调整的段落。

很多规范文档书写都会有段落开头空两格的要求。手动敲空格键不仅操作繁琐，一不小心还会出现多敲两个或者少敲两个的情况，使文档看起来十分杂乱。有什么方法可以不敲空格键，就得到段落开头空两格的效果呢?

2 在【开始】选项卡的功能区中单击【段落】组右下角的扩展按钮。

3 在弹出的【段落】对话框中，将【缩进和间距】选项卡的【缩进】组的【特殊】选择为【首行】，【缩进值】设为“2 字符”，单击【确定】按钮即可完成开头空两格的效果。

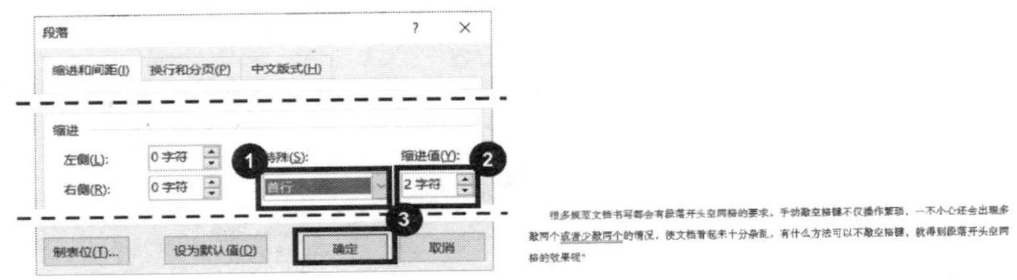

情况 2：对某一样式段落统一设置

以对“正文”样式下的段落进行设置为例。

1 在【开始】选项卡的功能区中，右键单击【正文】样式，在菜单中选择【修改】命令。

2 在弹出的【修改样式】对话框中单击【格式】按钮，在菜单中选择【段落】命令。

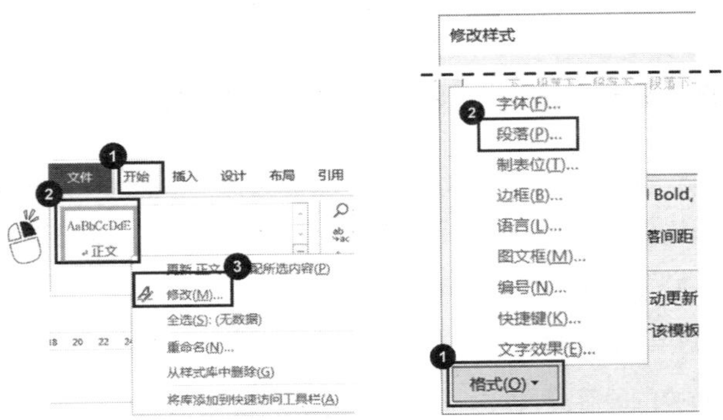

3 在弹出的【段落】对话框中，将【缩进和间距】选项卡的【缩进】组的【特殊】选择为【首行】，【缩进值】设为“2 字符”，单击【确定】按钮即可完成开头空两格的效果。

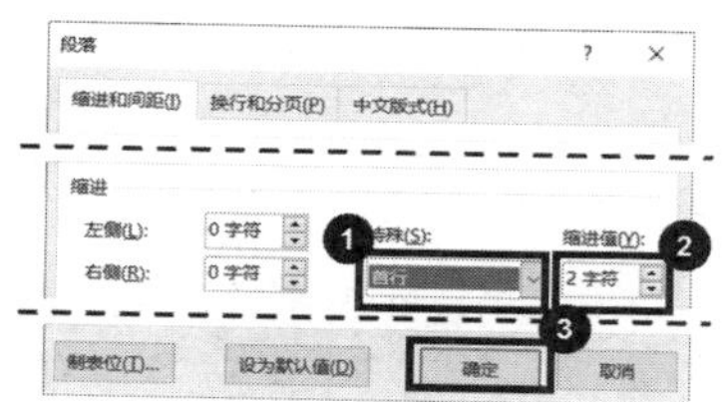

11 如何让段落中的图片和文字垂直居中对齐?

如果段落中含有图片，Word 中通常默认文字和图片是下边缘对齐的。但如果想要实现垂直居中对齐，你知道该如何实现吗?

1 选中图片，单击右上角的【布局选项】按钮，选择【嵌入型】命令。

2 将光标定位在段落中，在【开始】选项卡的功能区中单击【段落】组右下角的扩展按钮。

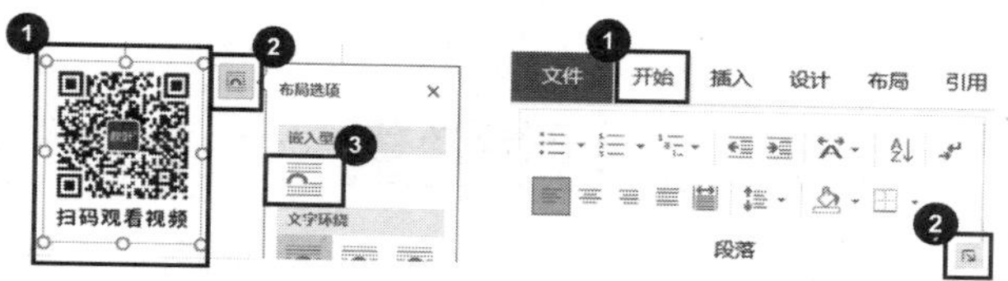

3 在弹出的【段落】对话框中的【中文版式】选项卡下，将【字符间距】组中的【文本对齐方式】改为【居中】，单击【确定】按钮即可。

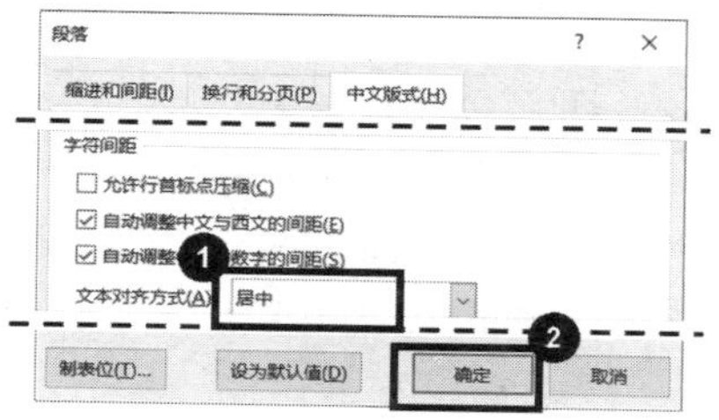

12 如何用格式刷，将格式复制给其他内容?

如果想要某一部分内容和已有的内容格式保持一致，我们可以先找出哪些格式不一致，然后手动调整。但这种方法不仅低效，而且还不准确。有什么技巧可以实现快速复制格式吗?

1 选择待复制格式的内容。

如何用格式刷，将格式复制给其他内容?

如何用格式刷，将格式复制给其他内容?

2 在【开始】选项卡的功能区中，选择【剪切板】组中的【格式刷】命令。

3 选中所需要修改格式的内容，即可将已有的格式复制过来。

如何用格式刷，将格式复制给其他内容?

如何用格式刷，将格式复制给其他内容?

若需要连续使用格式刷，只需在**2**中双击【格式刷】按钮即可实现。

4.2 段落样式的设置

样式是文本格式与段落格式的统一体,如果想要实现长文档的自动化排版，样式这一功能一定要学会，它是长文档排版之魂。

01 如何使用样式统一段落格式?

“样式”是 Word 中一个十分实用的功能。将样式设置好之后，便可以方便快速地为段落直接套用设置好的格式，而不需要分别逐个设置。如何使用样式快速统一段落格式呢?

1 将光标定位在需要套用样式的段落任意位置。

“样式”是 Word 中一个十分实用的功能。将样式设置好之后，便可以方便快速的为段落直接套用设置好的格式，而不需要分别逐个设置。如何使用样式快速统一段落格式呢?

2 在【开始】选项卡的功能区中的【样式】组，单击设置好格式的样式命令即可。

“样式”是 Word 中一个十分实用的功能。将样式设置好之后，便可以方便快速的为段落直接套用设置好的格式，而不需要分别逐个设置。如何使用样式快速统一段落格式呢？

02 如何添加样式到所有文档中？

对于经常使用又普适性高的格式，如果可以直接添加样式并适用于所有新建的文档，会为后续文档的编辑节省很多不必要的操作。如何添加样式到所有的文档中呢？

这里以添加“示例样式”为例。

1 在【开始】选项卡的功能区中，单击【样式】组的下拉箭头，在展开的菜单中选择【创建样式】命令。

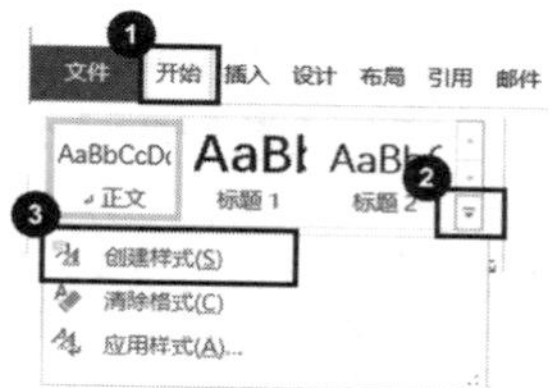

2 在弹出的【根据格式化创建新样式】对话框中的【名称】框里输入“示例样式”，根据需求选择【样式类型】【样式基准】和【后续段落样式】。

3 单击【格式(O)】按钮设置样式字体、段落等格式，选择【基于该模板的新文档】选项，单击【确定】按钮即可。

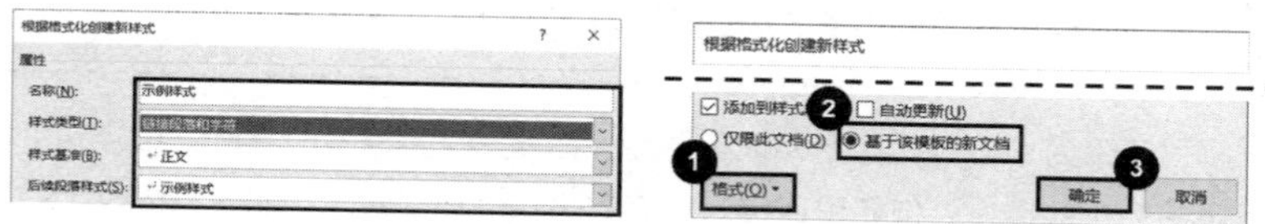

03 怎样为样式设置快捷方式？

快捷键可以为 Word 的操作带来很多便捷。“样式”是 Word 中十分常用的功能，如果可以给常用的样式设置快捷键，就可以为操作节省很多复杂的操作。该如何为某种样式设置快捷方式呢？

以为【标题 1】样式设置快捷键【Ctrl+ Alt+1】为例。

1 在【开始】选项卡的功能区中，右键单击【标题 1】样式，在弹出的菜单中选择【修改】命令。

2 在弹出的【修改样式】对话框中单击【格式】按钮，选择【快捷键】命令。

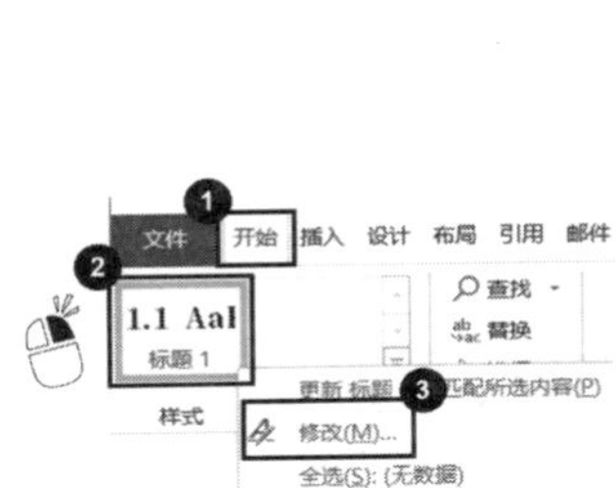

3 在弹出的【自定义键盘】对话框中的【请按新快捷键】框中，按快捷键【Ctrl+Alt+1】，单击【指定】按钮后单击【关闭】按钮即可。

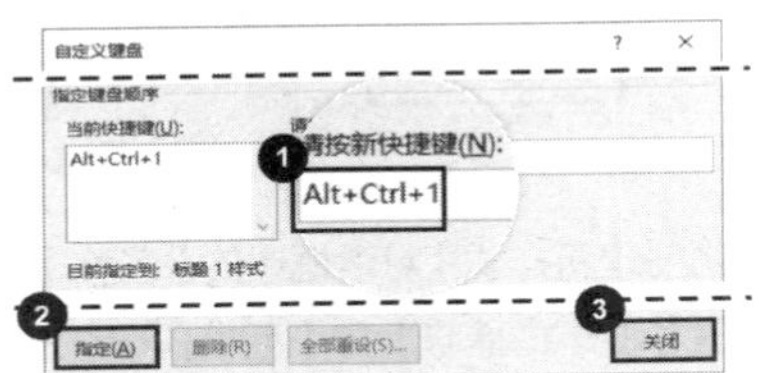

04 如何让段落格式的修改手动同步到样式?

样式可以为 Word 排版带来很多便捷，在编排文档格式时直接套用样式可以省去很多复杂的操作。但如果直接对段落的格式进行了修改，如何将修改手动同步到样式中呢?

以手动同步“标题 1”样式为例。

1 将光标定位到修改后的段落。

1.1 修改后的标题 1 样式段落

1.2 标题 1 样式下的其他段落

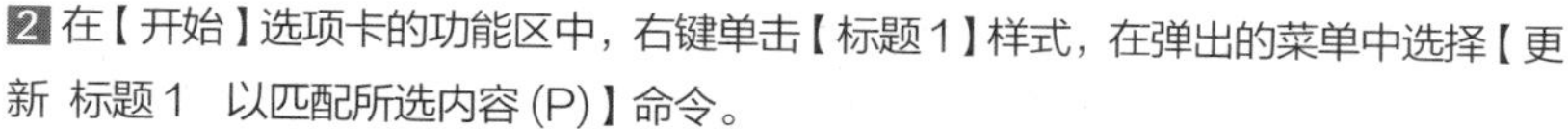

2 在【开始】选项卡的功能区中，右键单击【标题 1】样式，在弹出的菜单中选择【更新 标题 1 以匹配所选内容 (P)】命令。

通过以上操作就可以实现“标题 1”样式的手动同步修改了。

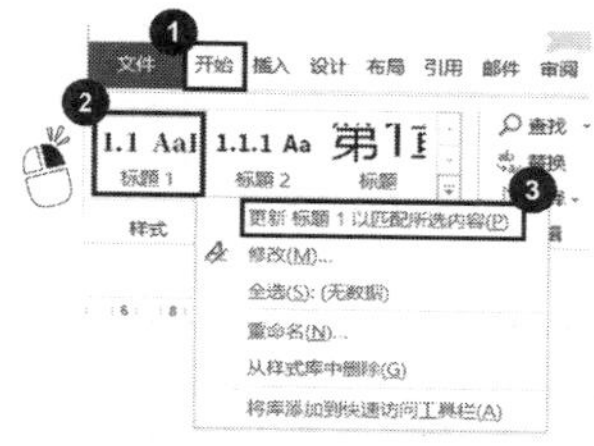

05 如何让段落格式的修改自动同步给样式?

将样式的修改手动同步到样式为样式的更新节省了很多操作，有没有什么更简单的方法，可以在修改格式的同时，自动同步给样式，使得相同样式下的内容格式实现统一修改呢?

这里以“标题 1”样式的自动同步为例。

1 在【开始】选项卡的功能区中，右键单击【标题 1】样式，在弹出的菜单中选择【修改】命令。

2 在弹出的【修改样式】对话框中，勾选【自动更新】复选项，单击【确定】按钮。

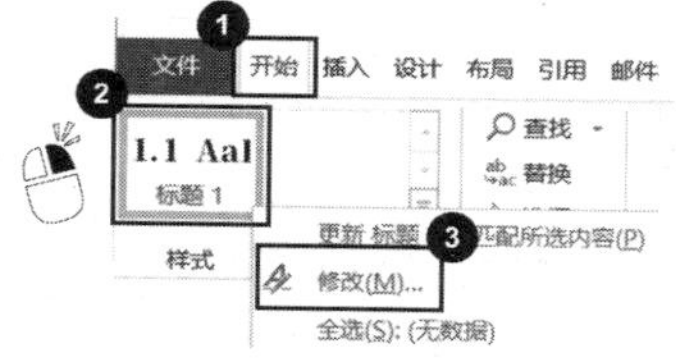

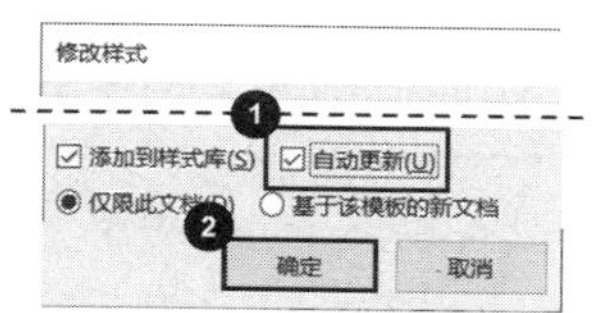

通过以上操作，以后修改任意应用了“标题 1”样式的段落格式，均会自动同步到应用了样式的段落。

06 如何用样式集快速排版?

如果文档中应用了样式，但排版和格式不符合要求，应用“样式集”功能可以迅速改变文档风格，实现“一秒排版”。

在【设计】选项卡功能区的【文档格式】组中，单击选择需要的样式即可。

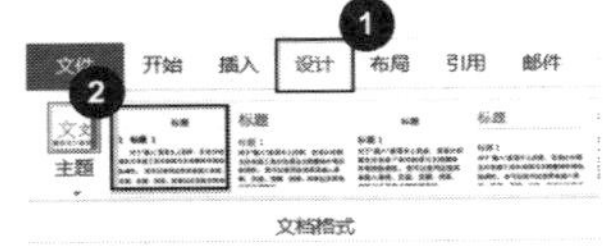

07 Word 中没有“标题 3 样式”是怎么回事?

样式库中显示的推荐样式通常只有“标题 1”“标题 2”两级标题。如果文档中需要更多级别的标题该怎么办呢?

这里以调出“标题 3”样式为例。

在【开始】选项卡的功能区中单击【样式】组里的“标题 2”样式即可快速调出“标题 3”样式。

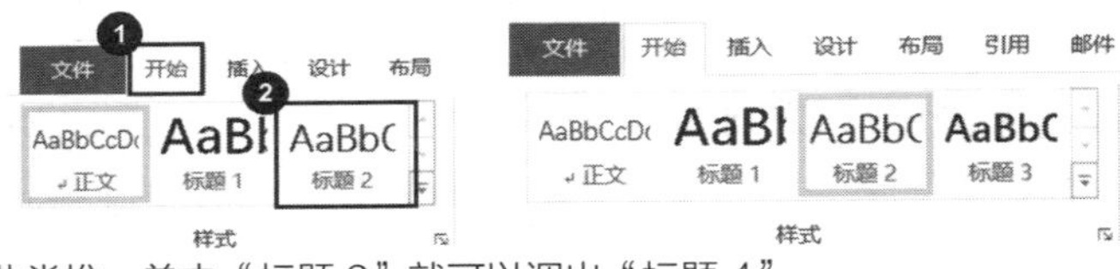

以此类推，单击“标题 3”就可以调出“标题 4”。

08 如何把别人文档中的样式复制到我的文档中?

有时文档内容已经编辑好了，发现别人文档中设置好的样式更加合适，有没有什么办法可以将别人文档中的样式直接复制到自己的文档中呢?

1 打开 Word 文档后，选择【文件】-【选项】命令。

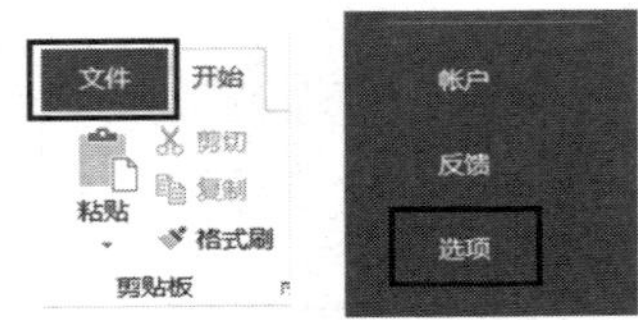

2 在弹出的【Word 选项】对话框中，选择【加载项】命令，在右侧的【管理】

菜单中选择【模板】-【转到】命令。

3 在弹出的【模板和加载项】对话框中，单击【管理器】按钮。

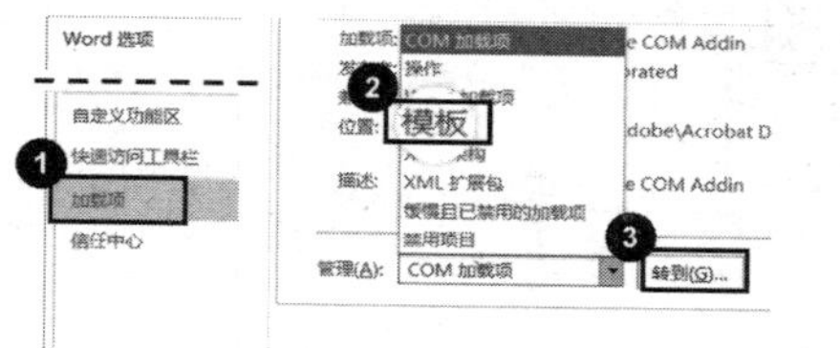

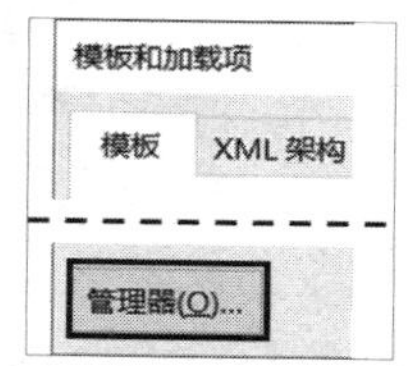

4 在弹出的【管理器】对话框中，单击【样式】选项卡，在【在 Normal.dotm 中】一列单击【关闭文件】按钮，再次单击【打开文件 (E)】按钮。

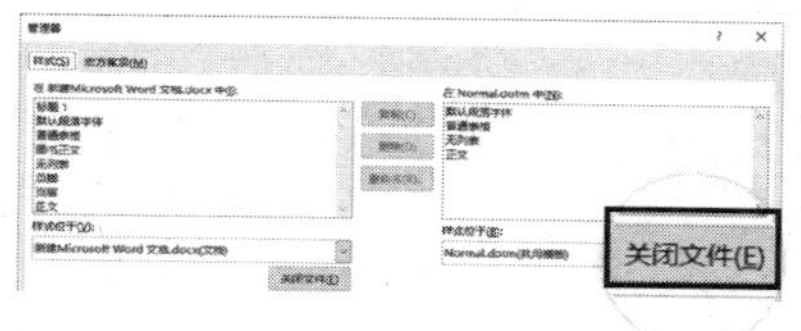

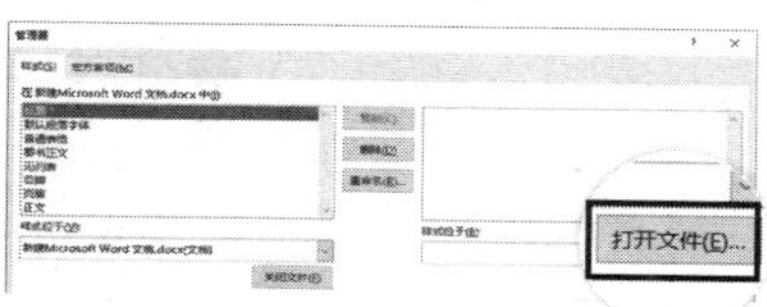

5 选择另一份文档打开，选择需要复制的样式，单击【复制】按钮后单击【关闭】按钮即可。

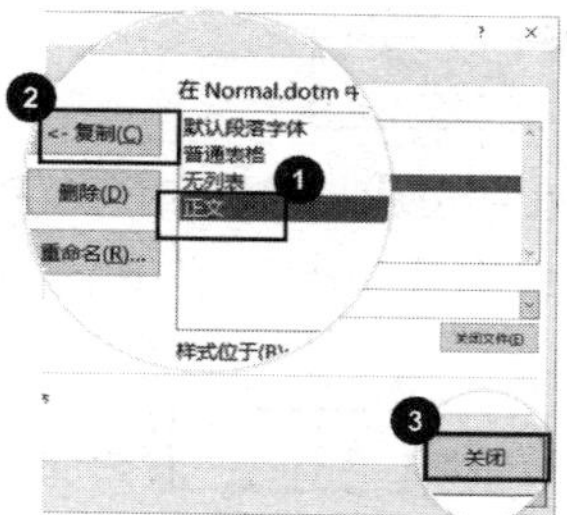

这样，就可以将别人文档中的样式复制到自己的文档中了。

09 怎么去掉 Word 标题前的“小黑点”？

在 Word 的标题前面，常常会有“小黑点”。虽然不会被打印出来，但既影响美观，又不能直接删掉。有什么方法可以去掉小黑点呢？

1 在【开始】选项卡的功能区中，右键单击【标题 1】样式，在弹出的菜单中选择【修改】命令。

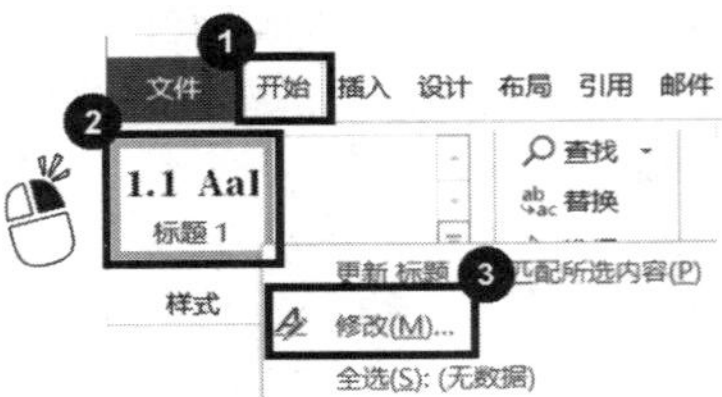

2 在弹出的【修改样式】对话框中单击【格式】按钮，选择【段落】命令。

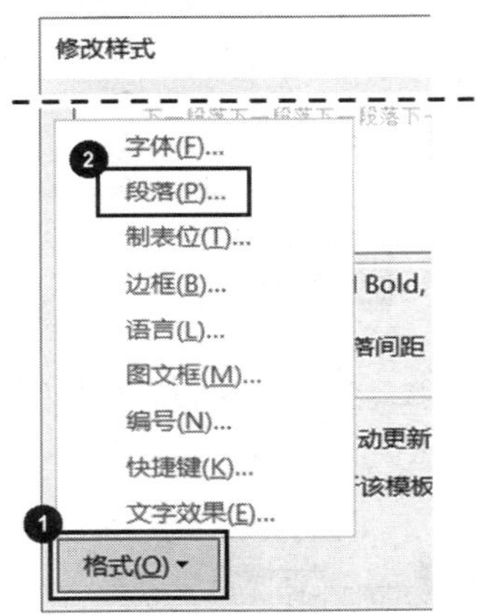

3 在弹出的【段落】对话框中切换到【换行和分页 (P)】选项卡，取消勾选【与下段同页 (X)】【段中不分页 (K)】复选项，单击【确定】按钮即可。

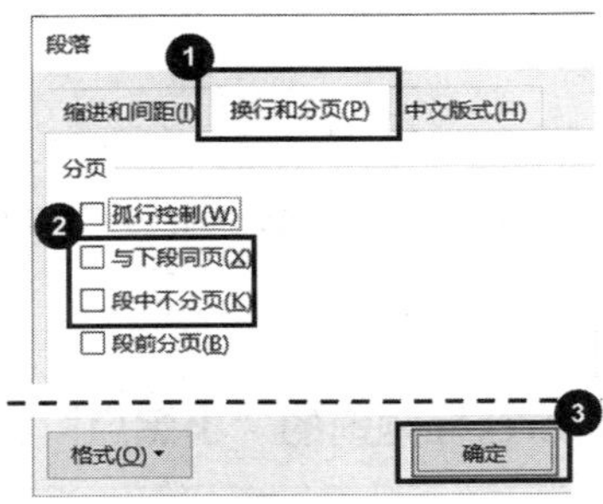

第 5 章 文档的段落编号

段落的编号与调整是长文档排版中最让人头疼的地方，很多人编号全都靠手工输入，稍不注意输错一个，之前所有的努力全都白费，一切从头来过。其实 Word 软件内置了给段落编号的功能，能够实现段落的自动编号，而且编号也会随着段落的添加删减自动更新，本章就为大家介绍段落的编号与多级列表编号。

5.1 项目符号与编号

如果想让没有严格顺序的段落内容观感更整齐，可以为其添加项目符号；如果想要有严格次序的段落更加直观，可以为其添加段落编号，但是在编号的过程中总会有些小毛病，本节就帮你解决它们！

01 如何给段落一键添加编号？

段落编号可以使段落层次分明，结构清晰。除了手动输入，可以为编辑好的段落一键添加编号吗？

1 选中需要添加编号的段落。

2 在【开始】选项卡的功能区中单击【编号】图标右侧的下拉按钮，在菜单中选择需要的编号格式。

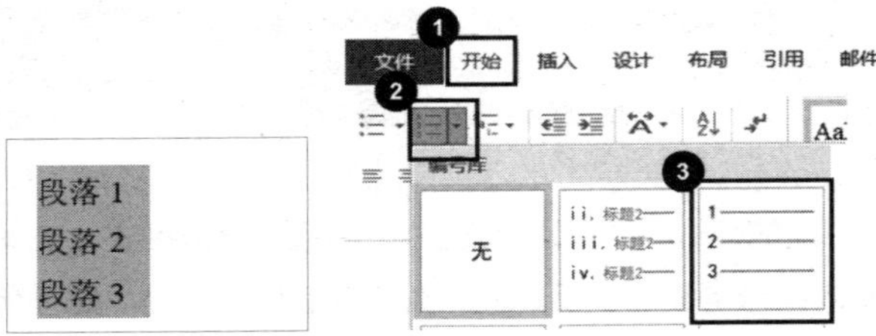

这样，所需要的段落的编号就添加完成了。

1 段落 1
2 段落 2
3 段落 3

02 如何为 Word 添加自定义项目符号？

在无须使用段落编号的情况下，项目符号在文档中也同样可以起到强调说明的作用。但 Word 文档中提供的默认项目符号种类有限，如何为文档添加自定义

项目符号呢?

1 在【开始】选项卡的功能区中单击【编号】图标右侧的下拉按钮，在弹出的菜单中选择【定义新项目符号】命令。

2 在弹出的【定义新项目符号】对话框中，根据需要选择使用【符号】或【图片】作为新的项目符号，设置好符号的【字体】和【对齐方式】后，单击【确定】按钮即可。

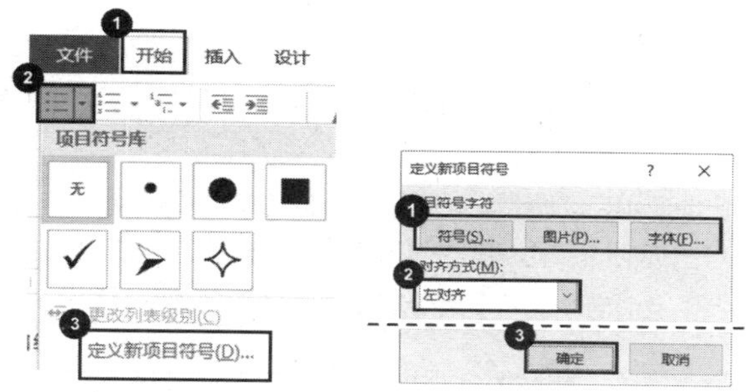

03 如何取消自动编号?

自动编号的存在可以为文档内容的输入节省很多时间，而且格式一致，无须过多地进行后续调整。但有些时候并不需要继续编号，或者编号不合自己的心意，有什么办法可以取消自动编号吗?

情况 1：永久停止自动编号

1 打开 Word 文档后，选择【文件】-【选项】命令。

2 在弹出的【Word 选项】对话框中，选择【校对】命令，在右侧窗口中单击【自动更正选项】按钮。

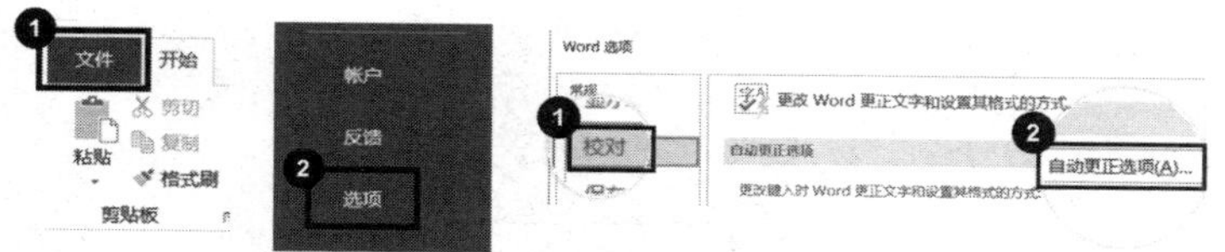

3 在弹出的【自动更正】对话框的【键入时自动套用格式】选项卡中，将【键入时自动应用】组中的【自动项目符号列表】复选项取消勾选，单击【确定】

按钮即可。

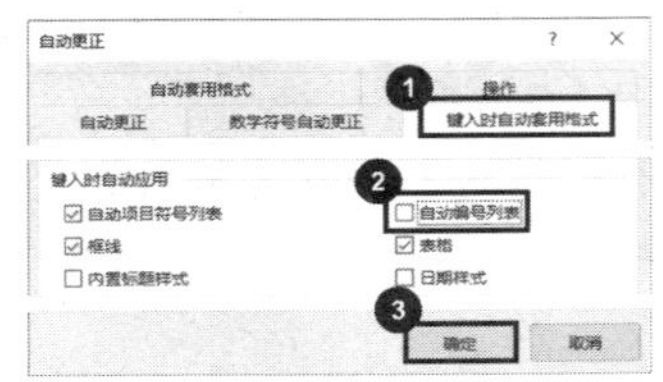

情况 2：按需使用自动编号

通常情况下，自动编号出现之后如果不需要继续编号，连续按两次【Enter】键编号就会消失了。

如需选择性地使用自动编号，也可以按下面的步骤进行操作。

在自动编号出现时，单击编号左侧出现的【自动更正选项】按钮右侧的下拉按钮，按需选择【撤销自动编号】命令或【停止自动创建编号列表】命令即可。

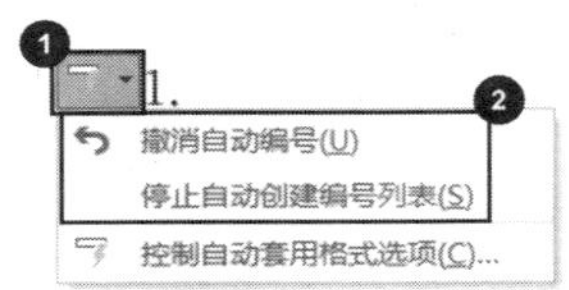

04 如何设置编号重新从 1 开始?

有时在段落编号的过程中，一个段落结束开始新的一个段落时需要重新开始编号，但 Word 文档中却默认了继续编号。如何设置段落编号重新从 1 开始?

右键单击编号，在弹出的菜单中选择【重新开始于 1】命令即可。

05 如何让断开的编号重新接上？

在文档中，有时小标题的编号需要承接上一章节继续编号，而不是重新开始新的编号。有什么方法可以使已经断开的编号重新接上吗？

右键单击编号，在弹出的菜单中选择【继续编号 (C)】命令即可。

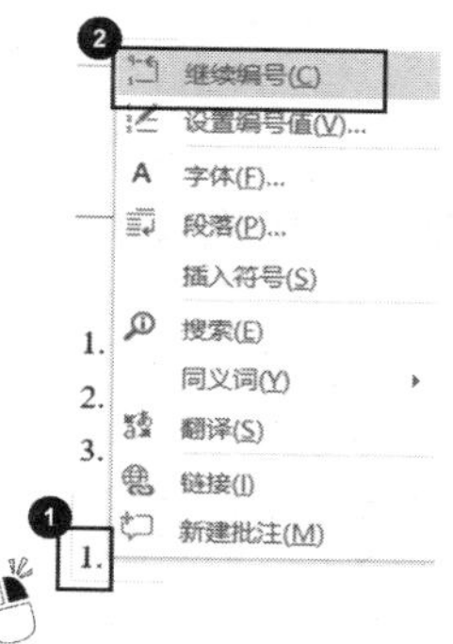

06 如何缩小编号与文本的间距？

在系统自动编号之后，数字和文字之间通常会有一段比较大的间距。有时候并不需要这么大的距离，有没有什么办法可以缩小这个间距呢？

1 右键单击编号，在弹出的菜单中选择【调整列表缩进】命令。

2 在弹出的【调整列表缩进】对话框中，缩小【文本缩进】的数值，或者将【编号之后】改为【空格】或【不特别标注】，单击【确定】按钮即可。

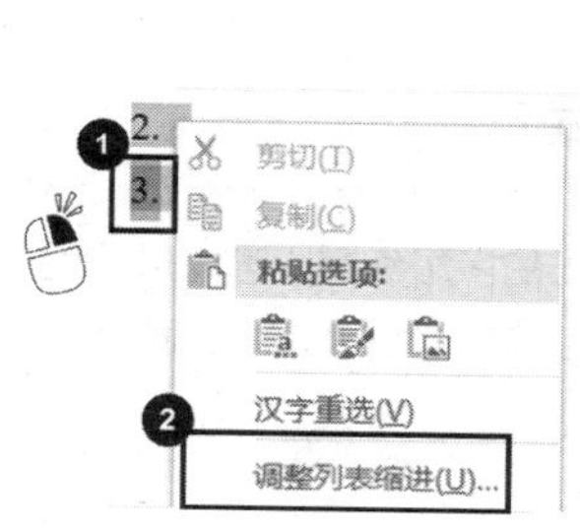

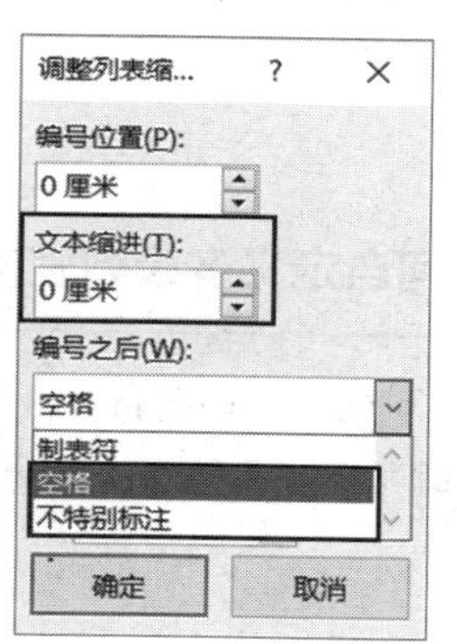

5.2 长文档的多级编号

同一级别内容的编号直接使用编号功能就好，但是长文档中往往都会涉及多个层级内容的编号，而且每个层级的编号彼此之间有联动，这时就需要用到多级列表功能了，本节将为大家带来多级列表的设置及疑难杂症的解决。

01 如何快速设置多级标题编号?

单层级标题可以通过编号功能实现快速编号，但如果文档中含有多层级的标题，该如何设置各层级的编号呢?

1 在【开始】选项卡的功能区中，使用【样式】组中的各种样式为文档设置好各级标题的样式。

2 在【开始】选项卡的功能区中单击【多级列表】图标。

3 在弹出的菜单中选择链接有标题样式的列表样式命令即可。

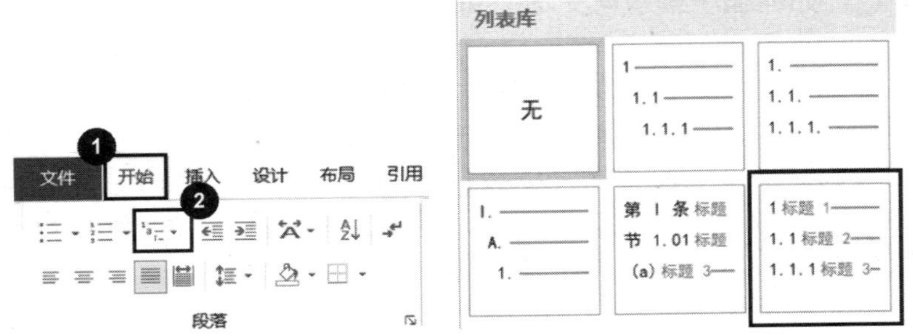

02 如何自定义多级列表样式?

在Word列表库中内置有多种样式的多级编号，可以供我们方便地取用。但如果这些编号格式不符合文档要求，该如何自定义设置自己所需要的多级列表呢?

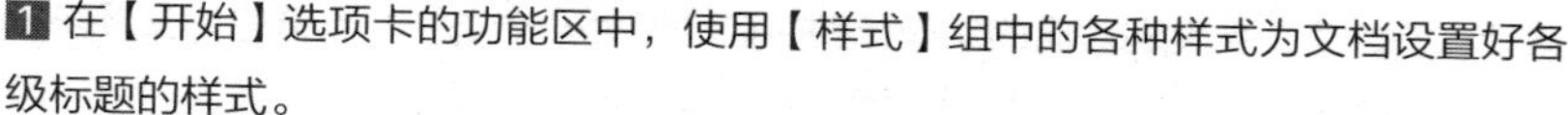

1 在【开始】选项卡的功能区中，使用【样式】组中的各种样式为文档设置好各级标题的样式。

2 在【开始】选项卡的功能区中单击【多级列表】图标。

3 在弹出的菜单中选择【定义新的多级列表】命令。

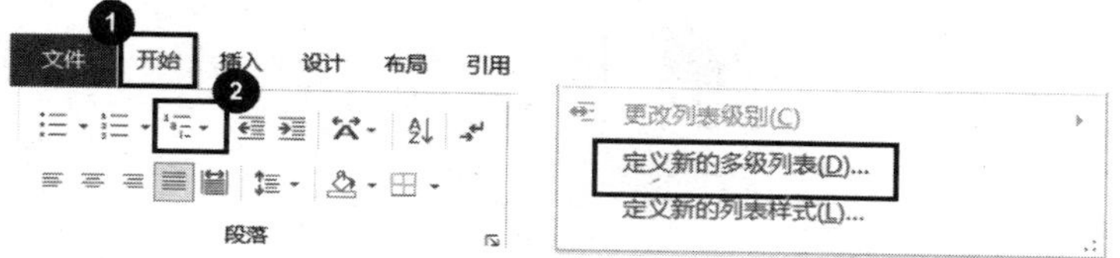

4 在【定义新多级列表】对话框中，单击左下角的【更多】按钮让对话框显示完整界面。

5 以将一级标题格式设置为“第 1 章”为例：将【单击要修改的级别】选择为【1】，在【输入编号的格式】框中带灰色底纹的“1”前面输入“第”，后面输入“章”。【将级别链接到样式】选择为【标题 1】。

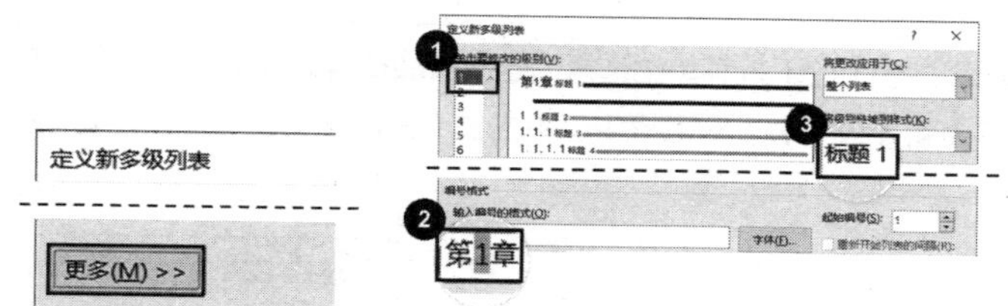

类似地，设置好二级标题、三级标题等其他级别的编号格式。

6 单击【设置所有级别】按钮，设置需要的【文本缩进位置】数值（如 0 厘米）和【编号之后】的参数（如空格），单击【确定】按钮即可。

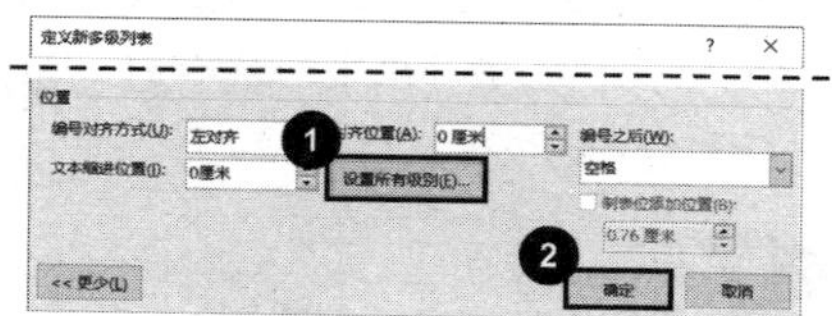

03 怎么设置第一章，1.1、1.1.1 类型的多级标题？

有些论文中会要求一级标题标号使用中文形式，如“第一章”。但当一级标题设置好之后，会发现后面的二级标题会自动变为“一.1”，不符合论文要求。那么，“第一章”“1.1”“1.1.1”类型的多级标题该如何设置呢?

1 在【开始】选项卡的功能区中单击【多级列表】图标，在菜单中选择带有“标题1”“标题2”后缀的编号【1、1.1、1.1.1...】。

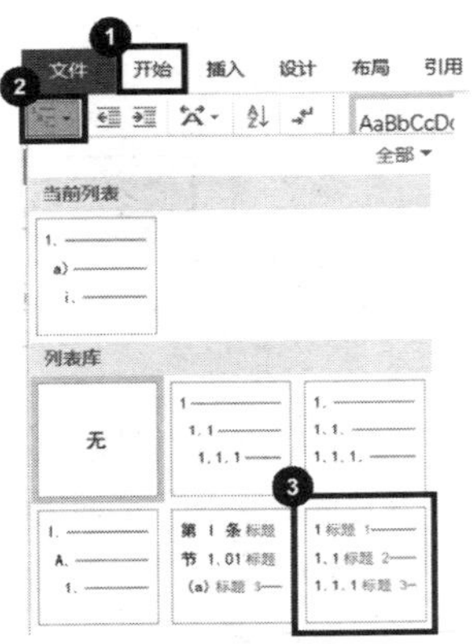

2 在【多级列表】的下拉菜单中选择【定义新的多级列表】命令。

3 在【定义新多级列表】对话框中，单击左下角的【更多】按钮让对话框显示完整界面。

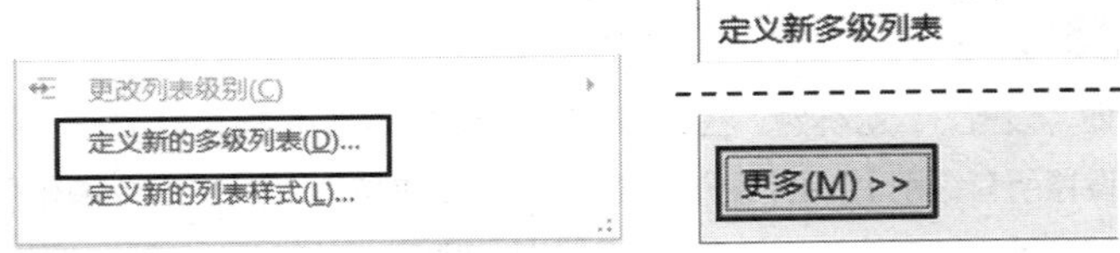

4 将【单击要修改的级别】选择为【1】，在【输入编号的格式】中带灰色底纹的“1”前面输入“第”，后面输入“章”。将【此级别的编号样式】选择为【一，二，三(简)...】，完成“第一章”编号的设置。

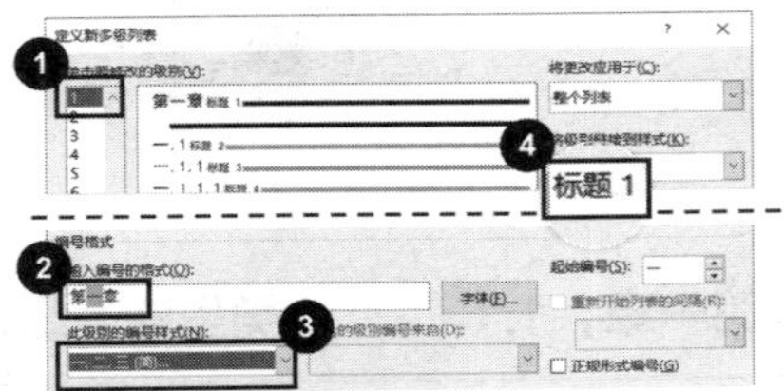

5 将【单击要修改的级别】选择为【2】，勾选【正规形式编号】复选项。

6 重复步骤5的操作，设置好剩下所有级别的编号之后，单击【设置所有级别】按钮，设置需要的【文本缩进位置】数值（如 0 厘米）和【编号之后】的参数（如空格），单击【确定】按钮即可。

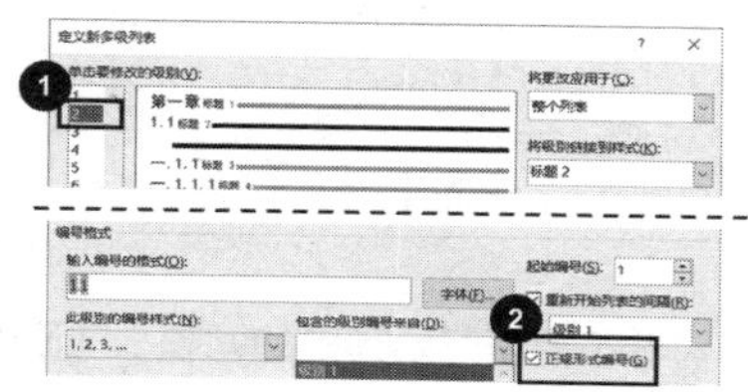

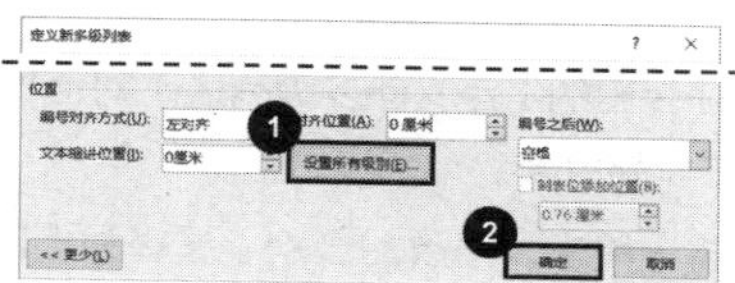

04 怎么解决 Word 各级标题自动编号错乱的问题？

在使用多级标题的过程中，各级标题自动编号错乱大概算得上是小伙伴们最头疼的问题之一了。开始新的一级标题之后，二级标题编号并没有从 1 开始，反而继续了上一章节。有没有什么办法可以从根本上解决自动编号错乱的问题呢？

期待的结果	实际的结果
第1章	**第1章**
1.1	**1.1**
1.2	**1.2**
第2章	**第2章**
2.1	**2.3**

1 在【开始】选项卡的功能区中单击【多级列表】图标。

2 在下拉菜单中选择【定义新的多级列表】命令。

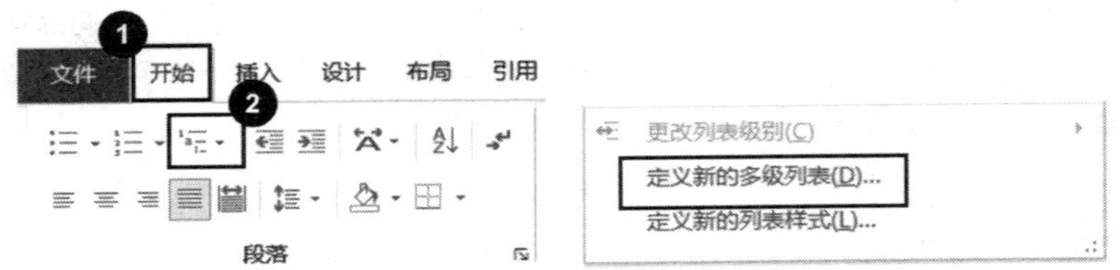

3 在弹出的【定义新多级列表】对话框中，单击左下角的【更多】按钮让对话框显示完整界面。

4 将【单击要修改的级别】选择为【2】，勾选【重新开始列表的间隔】前面的复选框并选择【级别 1】。

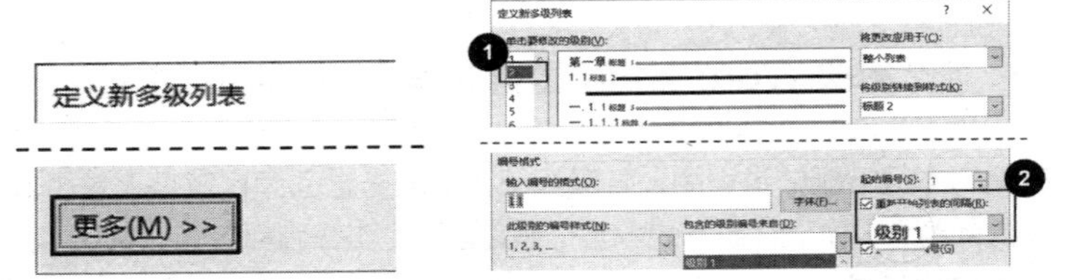

类似地，设置好除一级标题外所有级别的编号之后，单击【确定】按钮即可。

第 6 章
文档中的图片与图形

图片和图形也是 Word 排版中不可或缺的元素，它们的存在大大提升了文档的可阅读性，但是它们也是文档排版中很难驾驭的排版元素，想要制作出优雅美观的文档，本章内容请务必熟练掌握。

6.1 图片的插入与排版

图片在文档中有多种存在形式，不同类型的图片在文档排版中的处理方式不同，本节就重点为大家讲解图片类型的区别及对应的排版操作。

01 文档中不同类型图片的区别？

在 Word 中的图片其实有 3 种类型，7 种形式，它们有什么区别呢？

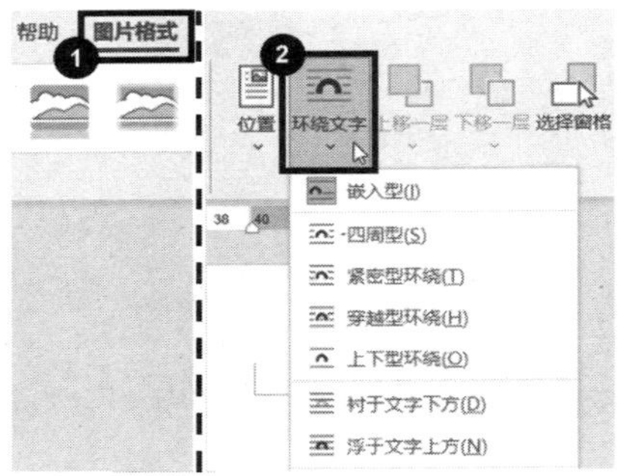

第 1 类：嵌入型

这种形式的图片，在 Word 中被看作为一个字符嵌入在 Word 段落当中，和文字一样，会受到行间距和文档网格设置的影响。

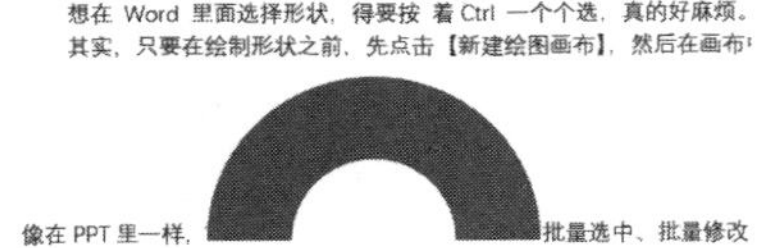

第 2 类：文字环绕型

文字会基于这个图片环绕在它周围，当拖动图片时，文字会根据图片的位置调整环绕。

这种类型的图片包含 4 种环绕形式：

（1）四周型

文字沿着图片的尺寸轮廓分布。

（2）紧密环绕型

文字沿着图片的真实轮廓分布。

想在 Word 里面选择形状，得要按 着 Ctrl 一个个选，真的好麻烦。
其实，只要在绘制形状之前，先点击【新建绘图画布】，然后在画布
像在 PPT 里一样，批量选
中、批量修改、批量对齐啦
其实，你只要右
键单击要插入的图形，
式】，就可以反复
插入这个形状啦。
小动作大改
变，效率提升蹭蹭
绝大多数人
在 Word 中选择只会

（3）穿越型环绕

文字沿着环绕轮廓分布排列。

想在 Word 里面选择形状，得要按 着 Ctrl 一个个选，真的好麻烦。
其实，只要在绘制形状之前，先点击【新建绘图画布】，然后在画布
像在 PPT 里一样，批量选
中、批量修改、批量对齐啦。
其实，你只要右
键单击要插入的图形、
式】，就可以反复插
入这个形状啦。
小动作大改
变，效率提升蹭蹭
绝大多数人
在 Word 中
选择只会用鼠标拖

（4）上下型环绕

文字会以行为单位分布在图片的上下方。

想在 Word 里面选择形状，得要按 着 Ctrl 一个个选，真的好麻烦。
其实，只要在绘制形状之前，先点击【新建绘图画布】，然后在画布
像在 PPT 里一样，批量选中、批量修改、批量对齐啦。

第 3 类：浮动型

这种类型的图片已经脱离了段落文字的排版，无论怎么移动图片，文字排版不会受到任何影响。

这种类型的图片包含两种浮动形式。

（1）衬于文字下方

在文字下方衬底作为背景。

想在 Word 里面选择形状，得要按 着 Ctrl 一个个选，真的好麻烦。
其实，只要在绘制形状之前，先点击【新建绘图画布】，然后在画布
像在 PPT 里一样，批量选中、批量修改、批量对齐啦。
其实，你只要右键单击要插入的图形，选择【锁定绘图模式】，就可
状啦。
小动作大改变，效率提升蹭蹭蹭有木有?
绝大多数人在 Word 中选择只会用鼠标拖拖拖，一拖到底。
但是，如果你能用好 Ctrl、Shift、Alt 等常用的快捷键，就能极大提升

（2）浮于文字上方

浮在文字的上方遮盖文字。

想在 Word 里面选择形状，得要按 着 Ctrl 一个个选，真的好麻烦。
其实，只要在绘制形状之前，先点击【新建绘图画布】，然后在画布
像在 PPT 里一样，批量选中、批量修改、批量对齐啦。
其实，你只要右键单　　　　　　择【锁定绘图模式】，就可
状啦。
小动作大改变，　　　蹭蹭蹭有
绝大多数人在　　　选择只会用鼠标　　，一拖到底。
但是，如果你能用好 Ctrl、Shift、Alt 等常用的快捷键，就能极大提升

02 如何批量对齐所有的图片?

文档中插入了很多图片，但是当我们想要对齐这些图片时，能不能不一个个手动调整，直接批量实现对齐呢?

注意：

以下操作仅适用于嵌入型图片。

1 按快捷键【Ctrl+H】打开【查找和替换】对话框，在【查找内容】输入框中输入“^g”，单击【更多】按钮。

2 将光标定位在【替换为】输入框中，单击左下角的【格式】按钮，在菜单中选择【段落】命令。

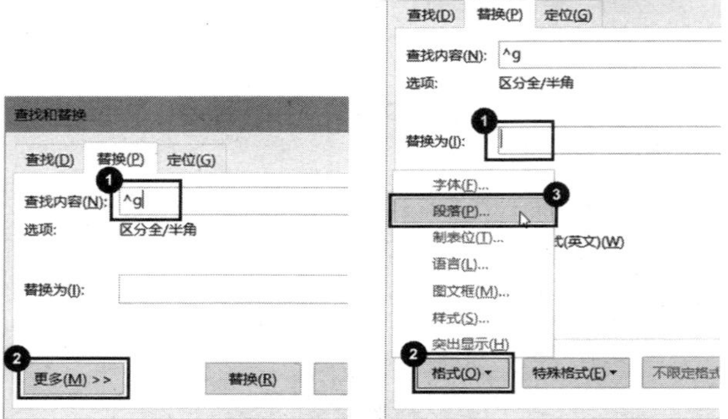

3 在弹出的【替换段落】对话框中，将【缩进和间距】选项卡下的【对齐方式】修改为【居中】，单击【确定】按钮关闭对话框。

4 此时在【查找和替换】对话框中，可以发现【替换为】输入框下出现了“居中”的格式，直接单击【全部替换】按钮即可完成所有图片的居中。

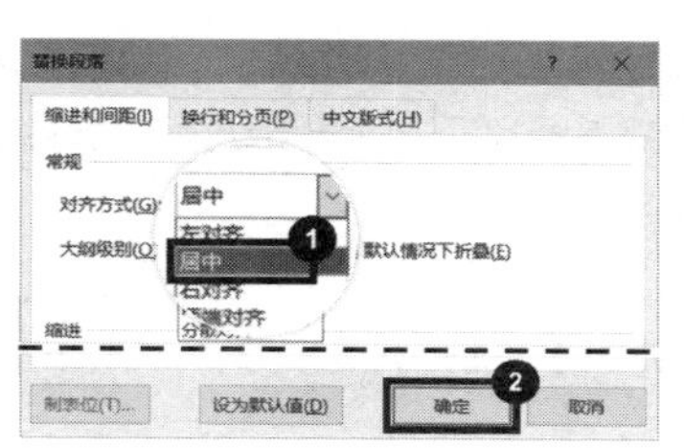

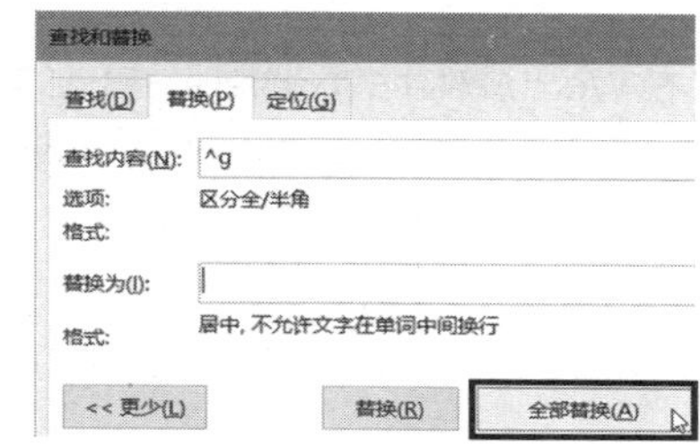

03 如何将图片位置固定不随文字移动?

在文档中插入图片后，如果之后需要修改图片前的文本，图片的位置也会发生变化，那么如何才能让图片固定在文档中特定的位置，而不受文本内容的影响呢?

1 单击选中想要固定的图片，单击【图片格式】选项卡。

2 在【图片格式】选项卡的功能区中单击【环绕文字】图标，在菜单中任意选择一个非嵌入型的环绕类型，如【穿越型环绕】。

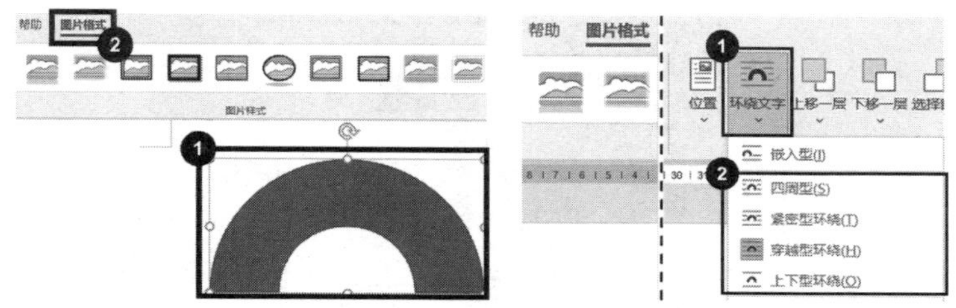

3 再次单击【环绕文字】图标，勾选【在页面上的位置固定】复选项即可实现图片固定在特定位置。

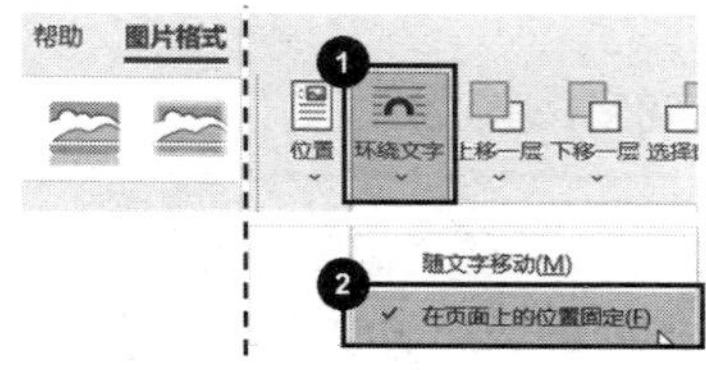

04 如何将默认的嵌入型图片改为环绕型图片?

在 Word 软件中插入图片时，默认的是嵌入型图片，如果我们在制作某个文档时，需要插入的图片能自由移动，那每次插入图片后还需要手动更改为环绕型图片，如何才能让图片在插入时就默认为环绕型呢?

1 选择【文件】-【选项】命令。

2 在弹出的【Word 选项】对话框中选择【高级】命令。

3 找到【将图片插入 / 粘贴为】，并将其后的【嵌入型】更改为以下 4 种图片环绕类型之一:【四周型】【紧密型】【穿越型】【上下型】，最后单击【确定】按钮，即可将图片插入默认类型更改为环绕型图片。

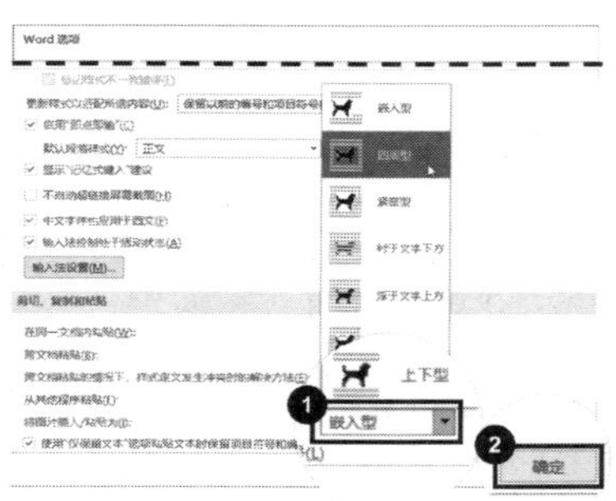

05 如何快速完成多图排版?

我们在制作 Word 文档时，有时候需要制作多张图片的创意排版，别担心，Word 也可以像 PPT 那样快速做出好看的多图片排版效果。

1. 将图片类型改为浮于文字上方

1 选择【文件】-【选项】命令。

2 在弹出的【Word 选项】对话框中选择【高级】命令。

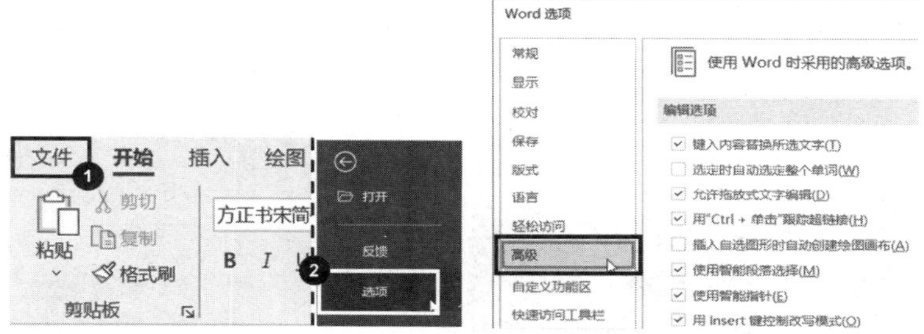

3 找到【将图片插入 / 粘贴为】，并将其后的【嵌入型】更改为【浮于文字上方】，单击【确定】按钮。

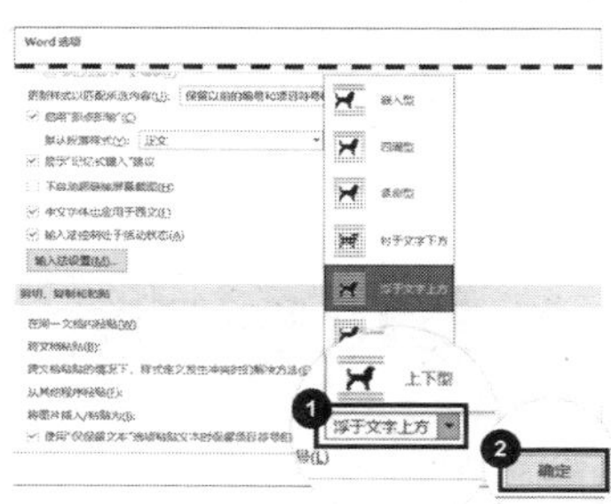

2. 多图片排版

1 在【插入】选项卡的功能区中单击【图片】图标，在菜单中选择【此设备】命令。

2 在弹出的【插入图片】对话框中选中所有需要插入的图片，单击【插入】按钮，将图片插入文档中。

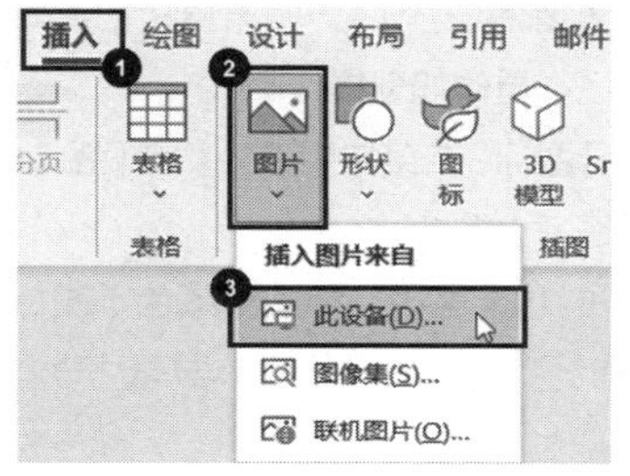

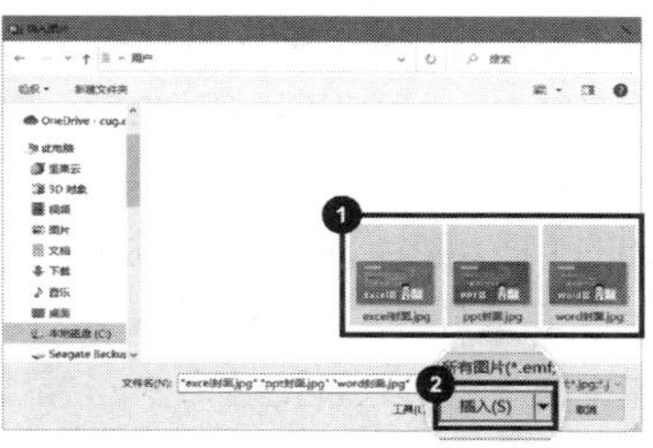

3 按住【Ctrl】键，用鼠标单击对图片进行多选操作。

4 在【图片格式】选项卡的功能区中单击【图片版式】图标，在展开的菜单中选择一个合适的版式命令。

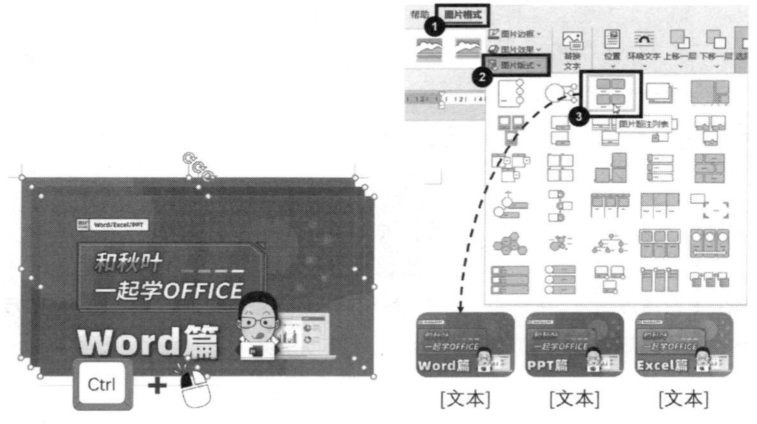

6.2 图片的美化与调整

了解了图片的插入与位置设置还不行，想要让图片为文档添彩，还需要掌握图片的美化和参数调整，本节我们就来好好学习一下。

01 如何在文档中添加手写签名?

我们经常用 Word 编辑合同等，这些文档都需要签名。如果直接把手写签名添加到文档中，就可以不用打印之后再签字了，具体如何操作呢?

1 在【插入】选项卡的功能区中，单击【图片】图标，在菜单中选择【此设备】命令，在弹出的【插入图片】对话框中选择【手写签名】命令。

2 选中手写签名图，在【图片格式】选项卡的功能区中，单击【颜色】图标，并在菜单中选择【设置透明色】命令，待鼠标指针变成笔的形状后单击图片背景处，即图片底色被去除。

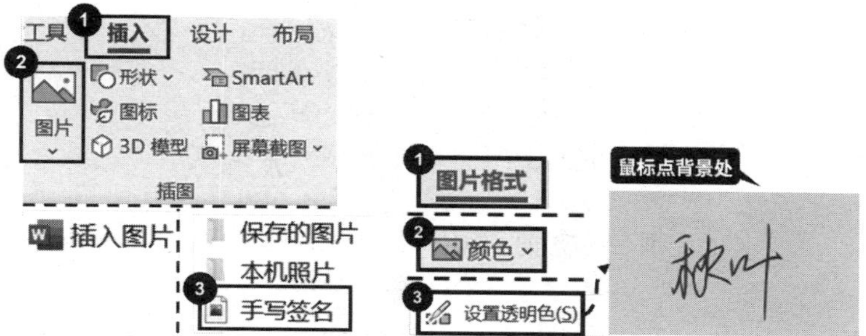

3 需注意，如果手写签名不是黑色字体，需先在【图片格式】选项卡功能区中单击【颜色】图标，在菜单的【重新着色】里选【黑白】命令后再设置透明色。

4 选中手写签名图片，鼠标右键单击，在菜单中选择【环绕文字】-【浮于文字上方】命令，拖动图片到签名处并调整图片大小。

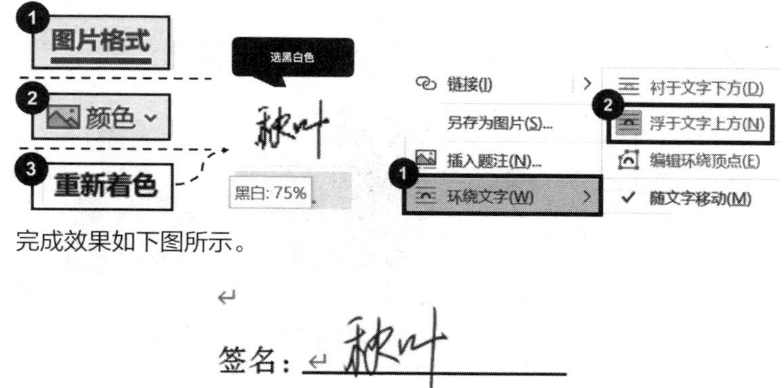

完成效果如下图所示。

02 如何在 Word 中实现证件照背景更换?

用 Word 做简历、报名表都需要贴证件照，有时候对背景色还有不同的要求。我们说起更换照片背景色，首先想到的一定是 Photoshop，但其实 Word 也可以，让我们来试试吧。

1 在【插入】选项卡的功能区中，单击【图片】图标，在菜单中选择【此设备】命令，在弹出的【插入图片】对话框中选择【证件照】。

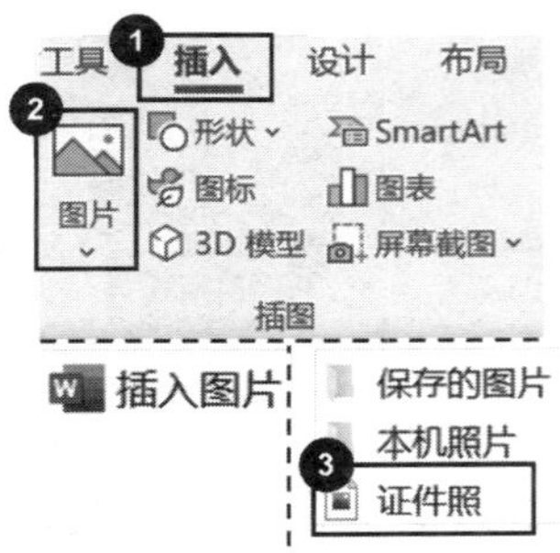

2 选中证件照，在【图片格式】选项卡的功能区中，单击【删除背景】图标，通过【标记要删除的区域】和【标记要保留的区域】命令对需要删除的区域进行调整，单击【保留更改】图标，即完成人物抠图。

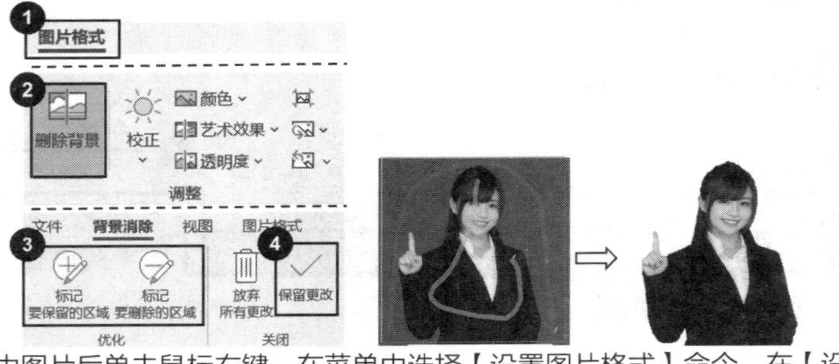

3 选中图片后单击鼠标右键，在菜单中选择【设置图片格式】命令，在【设置图片格式】窗格中切换到【填充与线条】组，选择【纯色填充】，并根据需要设置颜色，即完成图片背景色填充。

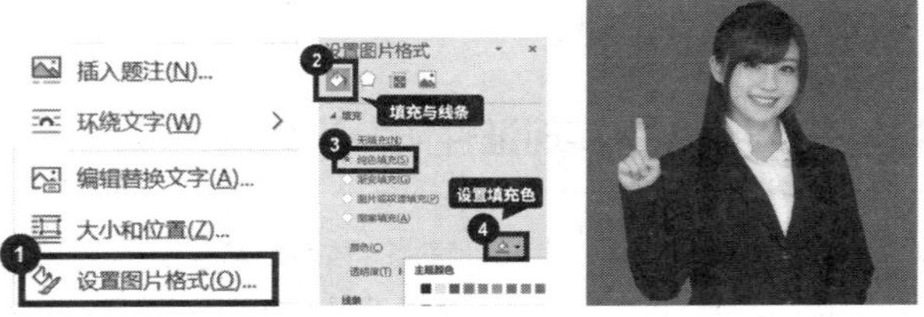

03 如何用 Word 艺术效果“P 图”？

为了让信息更直观，我们有时候会给文字配图。众所周知，Photoshop 可以对图片进行各种效果处理，但其实 Word 也一样能“P 图”，让我们来看看 Word 的艺术效果吧。

在 Word 中插入图片后，在【图片格式】选项卡的功能区中单击【艺术效果】图标，菜单中预设了 20 多种艺术效果可供选择，如【铅笔灰度】【画图刷】【虚化】等。

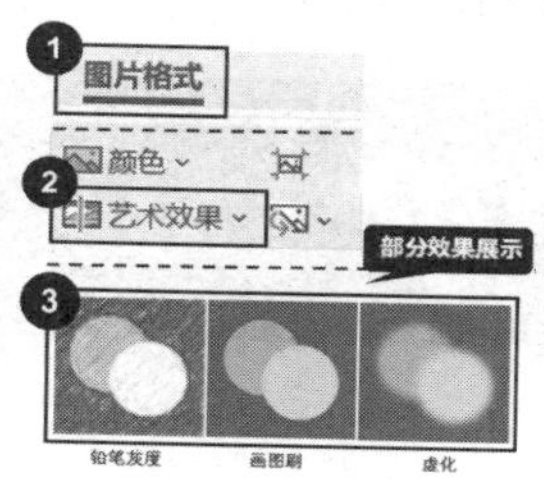

04 如何让插入后只显示一部分的图片显示完整?

我们在 Word 中插入图片时，有时候只能显示出一部分，如何调整才能让图片完整显示呢?

这个问题很简单，由于行距被设置为固定值，导致插入的嵌入型图片只能显示一部分，这可以通过调整行间距的方法来实现。

1 在【开始】选项卡的功能区中单击【段落】组右下角的扩展按钮。

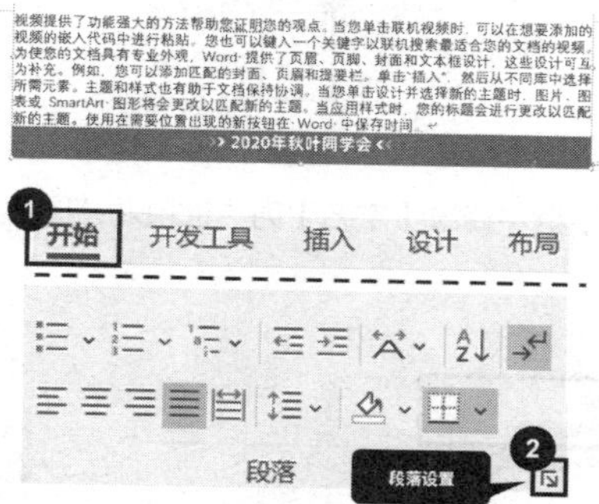

2 在弹出的【段落】对话框中，切换到【缩进和间距】选项卡，把【行距】设置为【单倍行距】，单击【确定】按钮。

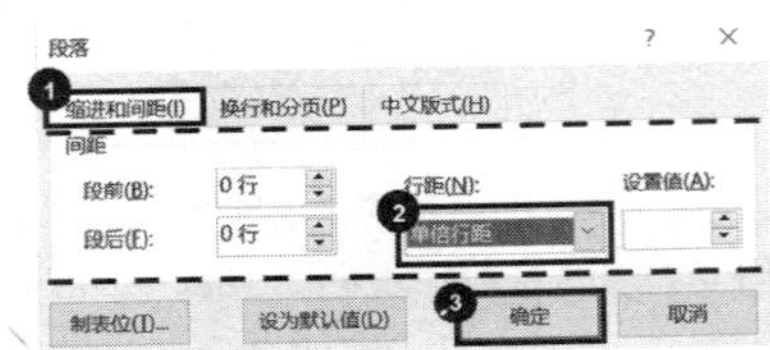

这样图片就可以完整显示了：

05 如何快速统一图片尺寸？

当 Word 文档中有多张不同大小的图片时，为了排版美观，需要将所有图片调整成统一尺寸。如果一张张手动处理，非常不便，有没有快速批量统一图片尺寸的方法呢？

快速统一图片尺寸要用到 Word 的宏功能。

1 在【开发工具】选项卡的功能区中单击【宏】图标。

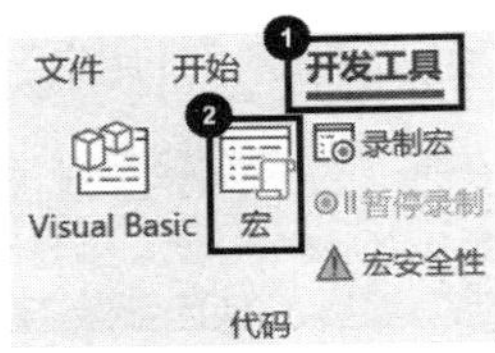

2 在弹出的【宏】对话框中修改【宏名】为“批量调整图片大小”，单击【创建】按钮。

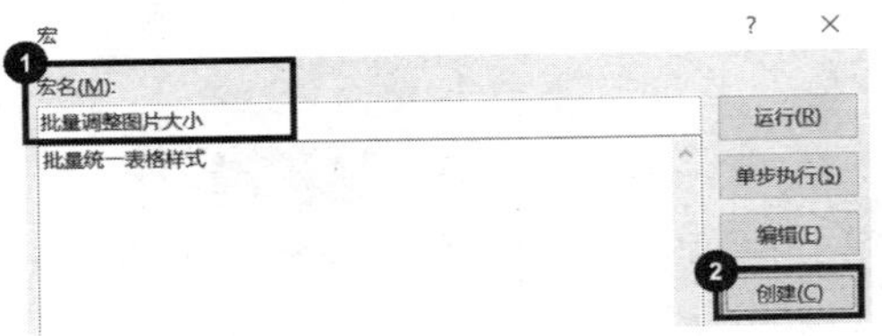

3 清空弹出对话框中右侧的内容。

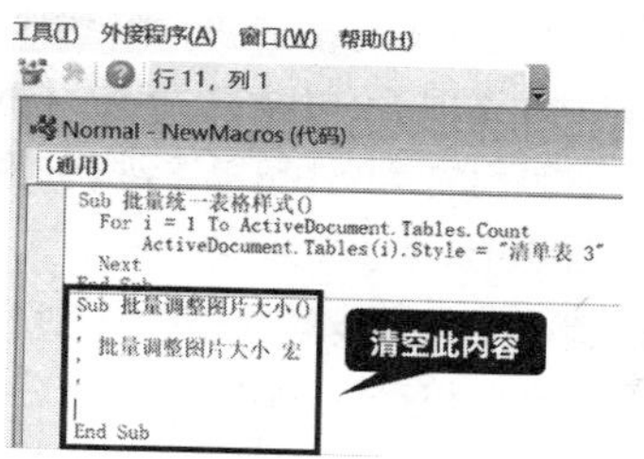

4 复制粘贴如下 VBA 代码到被清空的位置，关闭窗口（代码在本书的配套资料中提供）。

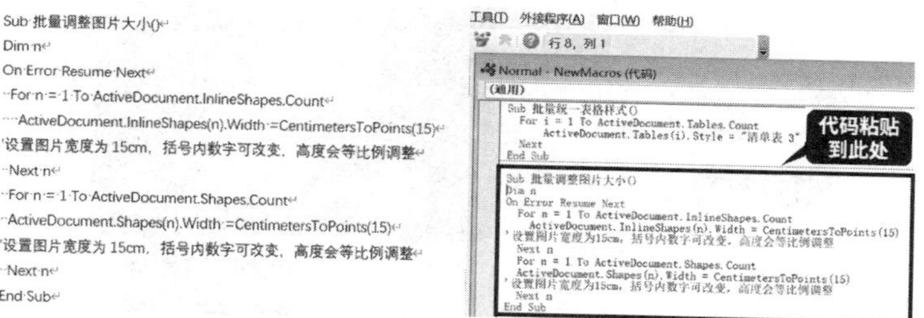

```
Sub 批量调整图片大小()
Dim n
On Error Resume Next
  For n = 1 To ActiveDocument.InlineShapes.Count
    ActiveDocument.InlineShapes(n).Width =CentimetersToPoints(15)
'设置图片宽度为 15cm，括号内数字可改变，高度会等比例调整
  Next n
  For n = 1 To ActiveDocument.Shapes.Count
  ActiveDocument.Shapes(n).Width =CentimetersToPoints(15)
'设置图片宽度为 15cm，括号内数字可改变，高度会等比例调整
  Next n
End Sub
```


5 在【开发工具】选项卡的功能区中单击【宏】图标，在弹出的【宏】对话框中选择【批量调整图片大小】命令，单击【运行】按钮即可快速统一图片尺寸。

注意：

默认设置图片宽度为 15cm，括号内数字可根据需要进行更改，高度会等比例调整。

06 如何将图片按比例裁剪？

在 Word 文档中，有时候可能需要裁剪图片的某一部分以突出重点，而最常用的方法就是按特定比例裁剪，让我们来看看如何操作吧。

1 选中图片，在【图片格式】选项卡的功能区中单击【裁剪】图标，在下拉菜单中选择【纵横比】命令，在弹出的菜单中可以看到【方形】【纵向】【横向】所对应的各种比例，根据需要进行选择。

2 深灰色部分代表将被裁剪掉的，虚线框内代表将被保留的。可根据需要移动和缩放图片或虚线框对裁剪和保留的区域进行调整，按【Enter】键完成裁剪。

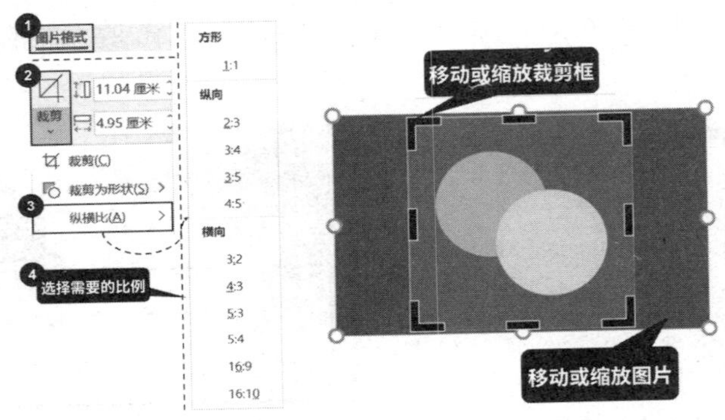

07 如何将图片裁剪为特定形状?

将图片裁剪为特定形状，可以使图片更有个性，显得有趣味。那么该如何操作呢?

选中图片，在【图片格式】选项卡的功能区中，单击【裁剪】图标，在菜单中选择【裁剪为形状】命令，在弹出的菜单中选择需要的形状。

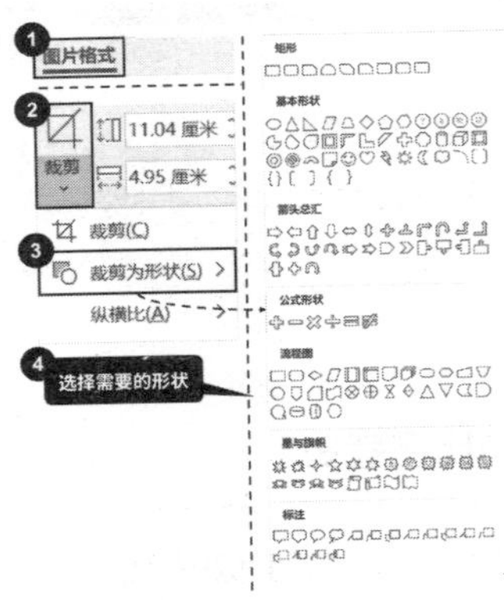

如下图所示，选择【 基本形状 】中的【 云形 】命令，矩形图片被裁剪成云朵形状。

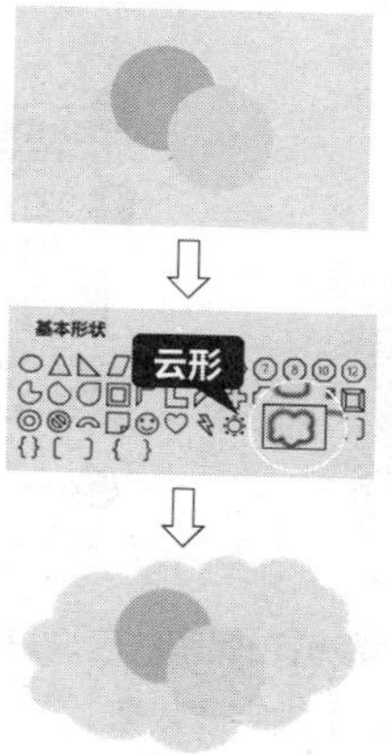

08 如何将图片裁剪为正多边形?

在 Word 里图片可以被裁剪为特定形状，如多边形，那如何将图片裁剪为正多边形呢?

1 选中图片，在【 图片格式 】选项卡的功能区中单击【 裁剪 】图标，在菜单中选择【 纵横比 】–【 1:1 】命令。

如下右图所示，图片将被裁剪为正方形。

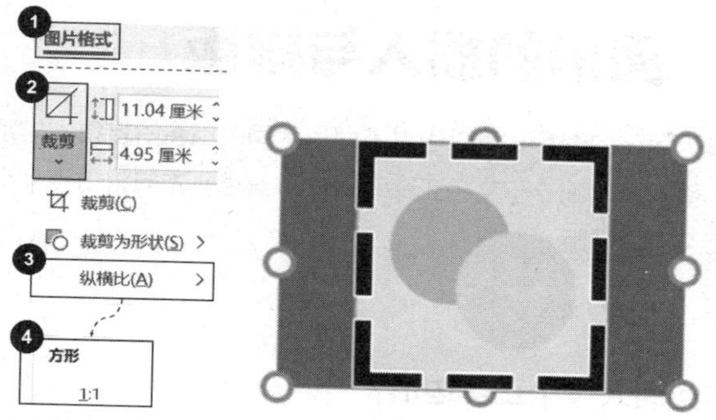

2 在【 图片格式 】选项卡的功能区中单击【 裁剪 】图标，在菜单中选择【 裁剪为形状 】，在弹出的选项中选择需要的多边形。以下页左图为例，选择【 五边形 】。

3 如果图片发生变形，或需要调整被裁剪区域，则在【裁剪】菜单中选择【填充】命令。

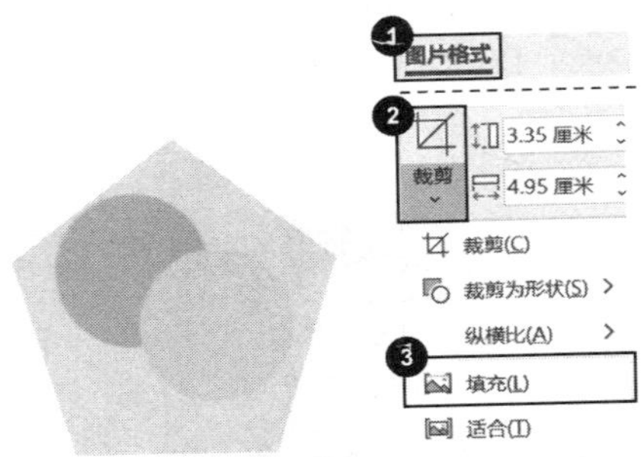

4 移动和缩放图片或虚线框对裁剪和保留的区域进行调整，深灰色部分将被裁剪，虚线框内将被保留，按【Enter】键完成裁剪。

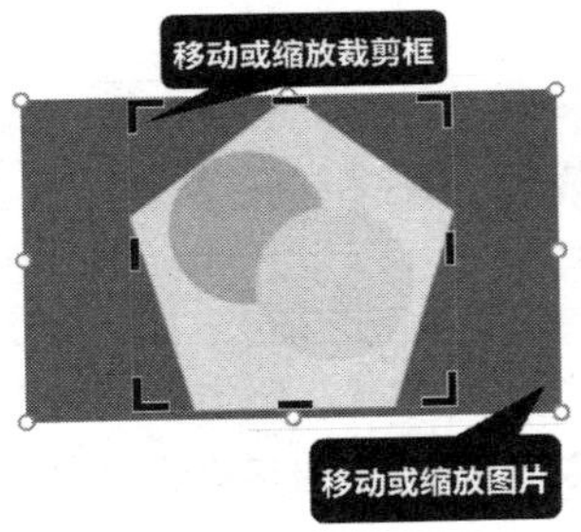

6.3 图形的插入与排版

图形作为简化的图片，可以通过不同形状间的组合拼接得到丰富多样的图案效果，而且可以独立于文档正文承载文字信息，本节将重点介绍图形的插入、对齐及自由排版。

01 如何插入一个正多边形？

在 Word 中画流程图的时候，经常需要插入一个正多边形，可是为什么你的多边形和别人的不太一样，这里教你正确插入。

1 在【插入】选项卡的功能区中单击【形状】图标，在弹出菜单中单击选择一个正多边形命令。

2 按【Shift】键的同时按住鼠标左键，在页面区域拖动即可插入正多边形。

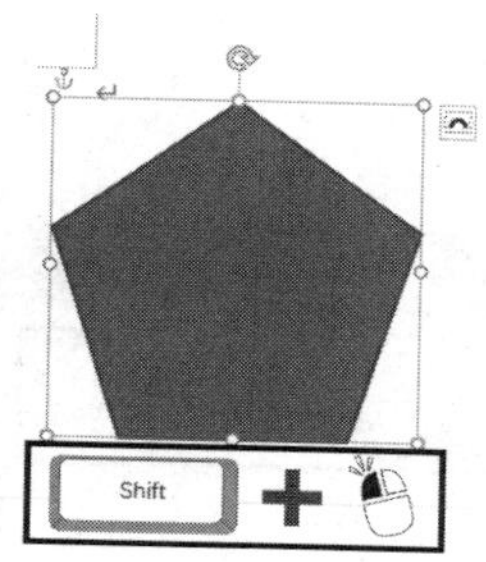

02 如何画出水平 / 垂直的线条?

老板说我的线条画得歪歪扭扭的，怎么才能画出水平或垂直的线条呢?

1 在【插入】选项卡的功能区中单击【形状】图标，在弹出的菜单中单击选择【直线】命令。

2 按【Shift】键的同时按住鼠标左键，在页面区域水平方向拖动即可插入水平直线，在垂直方向拖动即可插入垂直直线。

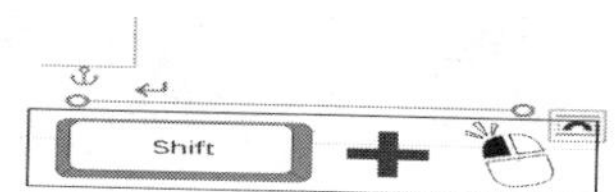

03 如何让图形整体移动?

文档中插入了许多形状，想要整体移动，一个一个移动难以保证相对位置，如何让图形整体移动呢?

1 选中图片后，按【Shift】键加鼠标左键点选其他需要移动的图形。

2 单击鼠标右键，在弹出的菜单中选择【组合】命令，选中组合后用鼠标左键拖曳即可整体移动图形。

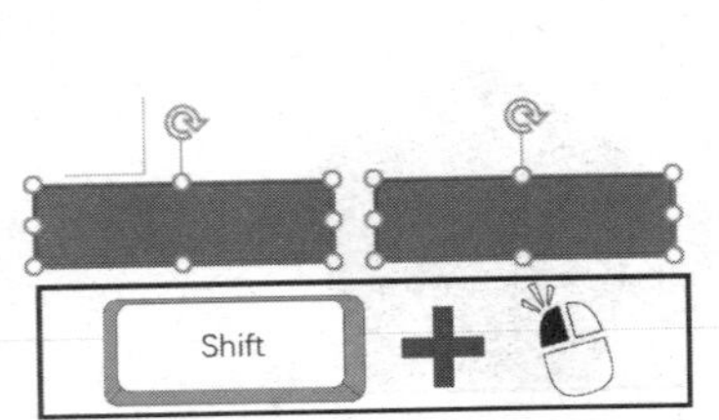

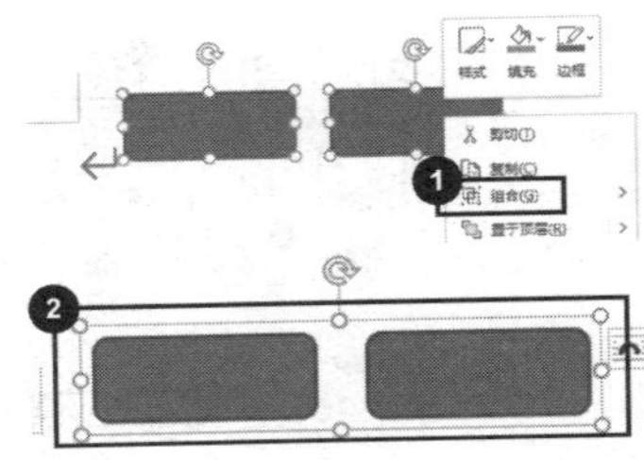

04 如何快速选中图形元素?

想要对 Word 中的图形进行更改，可是中间隔着许多的文字，怎么才能在不选中文本的情况下选中所有的图形呢?

1 在【开始】选项卡的功能区中单击【选择】图标。

2 在弹出的菜单中选择【选择对象】命令，按住鼠标左键拖曳出选框，即可框选图形而不选中文本。

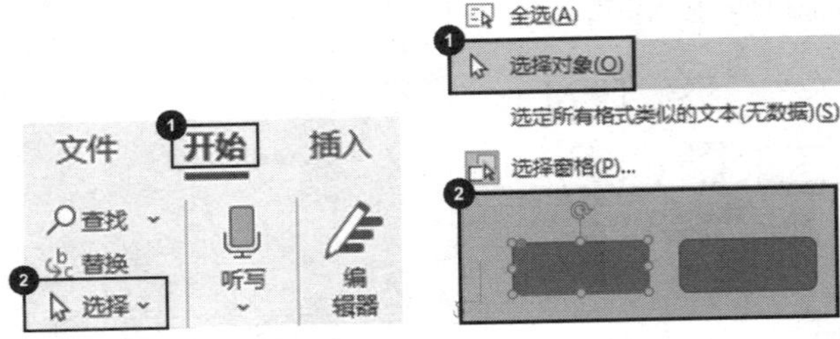

05 如何让形状尺寸随文字多少变化?

在形状中插入了文字却突然消失了，需要手动调整形状的大小文字才会出现，怎么才能让形状的尺寸随着文字的多少变化呢?

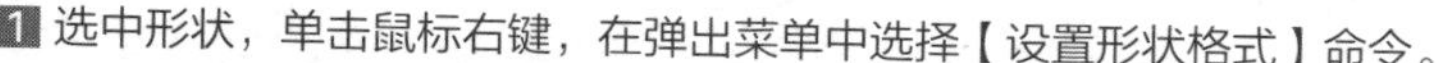

1 选中形状，单击鼠标右键，在弹出菜单中选择【设置形状格式】命令。

2 在右侧弹出的【设置形状格式】窗格中单击第三个小图标，在下方的【文本框】组中勾选【根据文字调整形状大小】复选项即可。

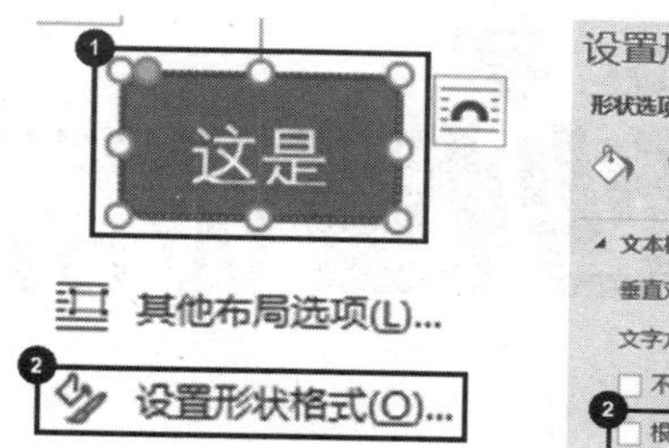

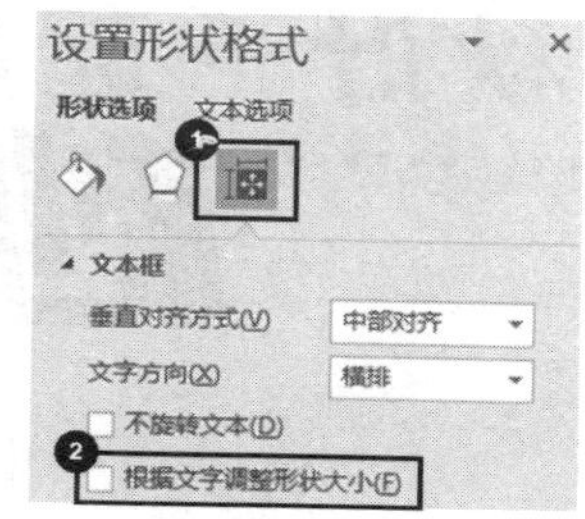

06 如何自由排版形状和图片?

在 Word 中插入的图片和形状完全移动不了，如何才能解除这种限制，从而实现自由排版呢?

1 在【插入】选项卡的功能区中单击【形状】图标，在弹出的菜单中选择【新建画布】命令，此时光标所在位置会新建一张画布。

2 单击选中画布，在【插入】选项卡的功能区中单击【形状】或【图片】图标，即可在画布中插入图片或形状。

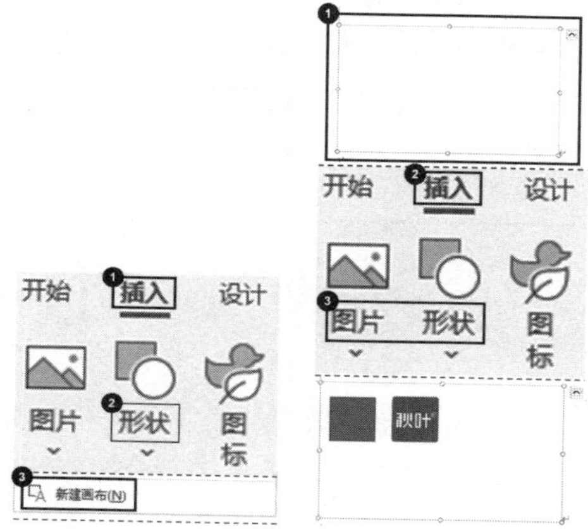

在画布中的图形或形状，可以自由地移动进行排版。

第 7 章 文档中的表格

用 Word 制作的文档类型中除了常规的文本型文档之外，最常见到的就是借助 Word 的表格功能制作的表格型文档，如入职申请表、个人简历、员工信息表等。但是如果没有掌握表格的绘制和格式调整的话，表格将会为排版带来很多麻烦。

7.1 表格的绘制与美化

表格作为文档的重要组成部分，除了可以很直观地呈现数据之外，又因其自带框线，且可以自由调整框线位置而成为文档中规整排版的宠儿，本节主要介绍如何更好地绘制出美观实用的表格。

01 如何将文本转换为表格?

我们有时需要将某一段文本以表格的形式呈现出来，如果先插入一个表格，然后再将文字逐一复制、粘贴到表格中，费时又费力。如何把文本直接转换为表格呢?

1 需要转换的段落文本之间需以段落标记、逗号、空格、制表符或其他字符隔开，如下左图所示。

2 选中需要转换的文本，在【插入】选项卡的功能区中单击【表格】图标，在下拉菜单中选择【文本转换成表格】命令。

姓名,性别,部门
秋小 P,女,运营部
秋小 E,男,市场部
秋小 W,男,财务部

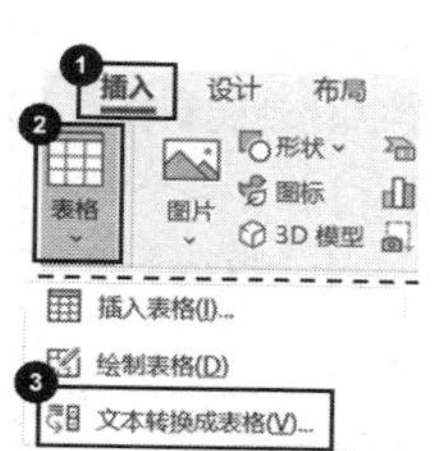

3 在弹出的【将文字转换成表格】对话框中，将【文字分隔位置】设置为文本中的分隔符，确认【列数】（行数会随之改变）是否符合预期后，单击【确定】按钮。

通过以上操作即可快速将文本转换为表格。

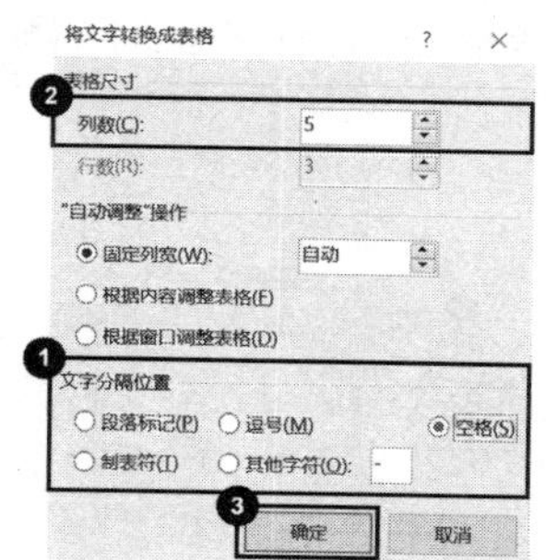

姓名	性别	部门
秋小 P	女	运营部
秋小 E	男	市场部
秋小 W	男	财务部

02 如何在 Word 中画三线表？

在绘制表格时，如何美化才能让表格显得更简洁美观呢？我们可以使用三线表样式。

1 在【插入】选项卡的功能区中单击【表格】图标，在菜单中选择插入一个表格，如 3*3 的表格。

2 选中表格，在【表设计】选项卡的功能区中单击【表格样式】组中的【其他】按钮，在弹出的菜单中选择【新建表格样式】命令。

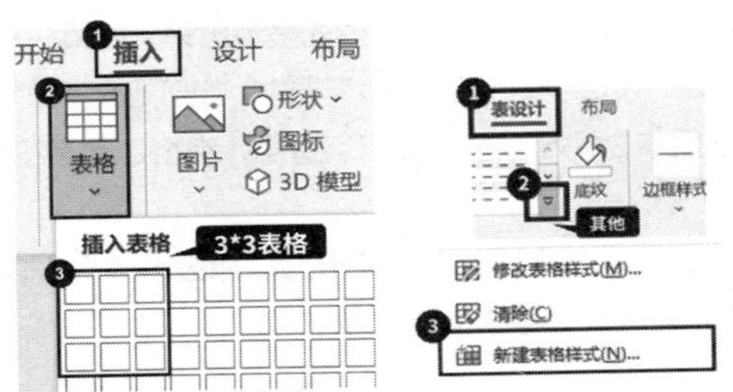

3 在弹出的【根据格式化创建新样式】对话框中修改样式名称，如"三线表"，并设置【将格式应用于】为【整个表格】。

4 设置【表格框线】为【上框线】和【下框线】，然后修改【线宽】为"1.5 磅"。

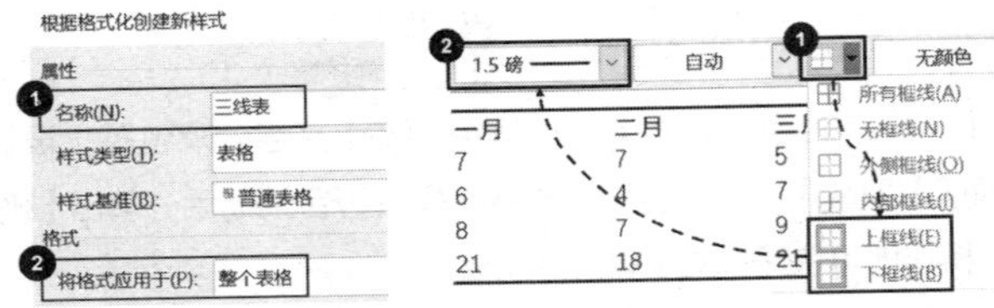

5 修改【将格式应用于】为【标题行】，设置【表格框线】为【下框线】，修改【线宽】为"0.5 磅"。

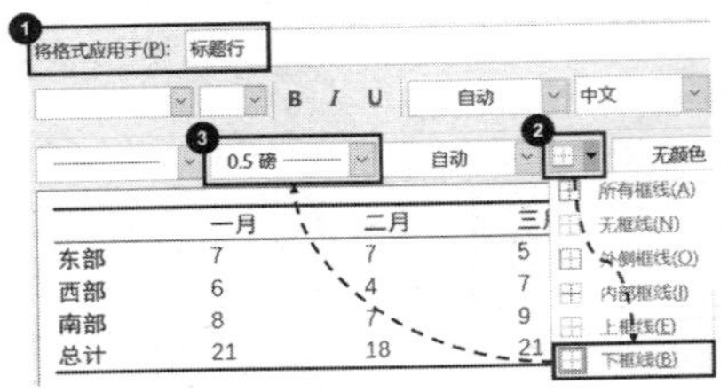

6 选择【基于该模板的新文档】选项，单击【确定】按钮退出对话框。

通过以上操作就完成了三线表样式的新建。下次使用的时候只需进行如下操作。

7 将光标置于表格中，在【表设计】选项卡的功能区中单击【表格样式】组中的【其他】按钮，在【自定义】组中选择已创建的【三线表】即可完成套用。

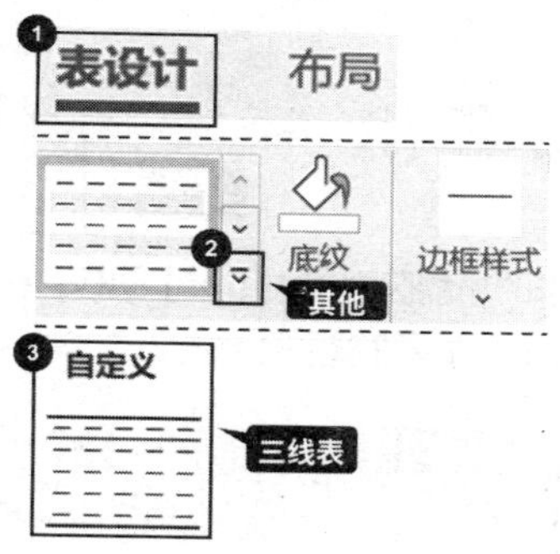

03 如何统一文档中表格的样式？

当 Word 文档里有多张表格时，统一的表格样式可以使文档更整齐，那么如何批量操作呢?

批量统一表格样式需要利用 Word 的宏功能。

1 在【开发工具】选项卡的功能区中单击【宏】图标。

2 在弹出的【宏】对话框中修改【宏名】为“批量统一表格样式”，单击【创建】按钮。

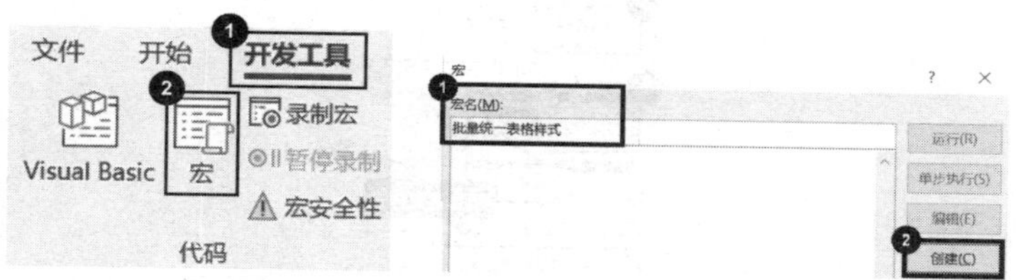

3 清空弹出对话框右侧的代码内容。

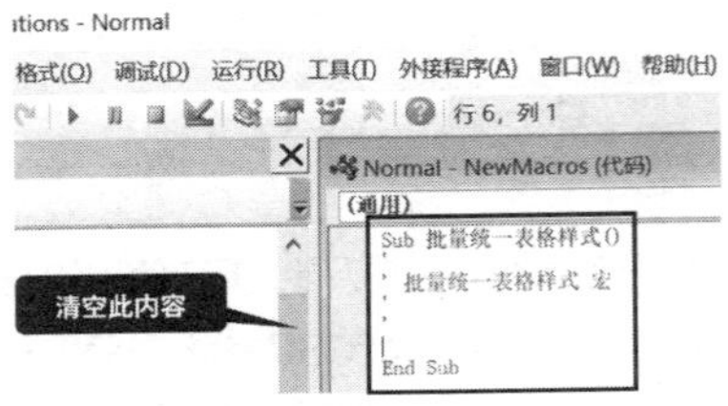

4 复制粘贴如下 VBA 代码到被清空的位置，并关闭窗口。

```
Sub 批量统一表格样式()
  For i = 1 To ActiveDocument.Tables.Count
      ActiveDocument.Tables(i).Style = "清单表 3"
  Next
End Sub
```


5 在【开发工具】选项卡的功能区中单击【宏】图标，在弹出的【宏】对话框中选择【批量统一表格样式】，单击【运行】按钮。

注意：

代码中默认的表格样式名称为“清单表 3”，可以根据需求修改表格的样式名称。

把鼠标放到【表设计】选项卡中的对应表格样式上可以看到样式名称，也可以右键单击样式后，在弹出的菜单中选择【修改表格样式】命令自定义表格样式。

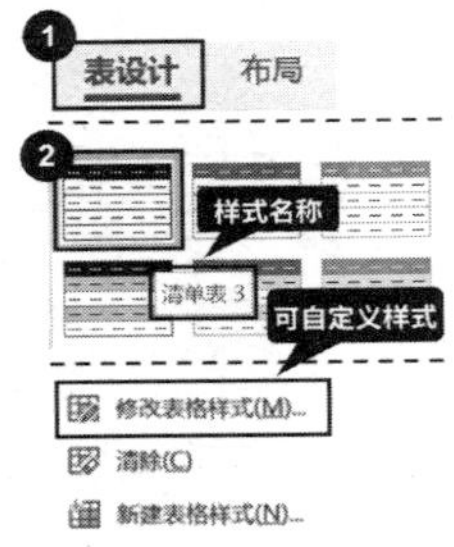

04 如何让过长表格显示在一页纸上?

Word 中遇到长条形的表格，文档右侧就会出现大面积的空白，如何才能将这些空白利用起来，同时让表格显示在一页中呢?

1 在【布局】选项卡的功能区中单击【栏】图标，根据表格的宽度在弹出的菜单中选择合适的栏数。

2 选择表格的标题行，在【布局】选项卡的功能区中单击【重复标题行】图标。

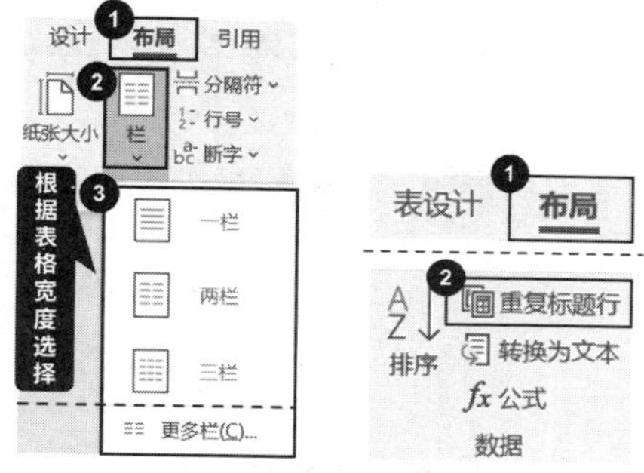

如下图所示，过长的表格就被分栏显示在一页上了。

05 如何让过宽表格显示完整?

Word 文档里的表格如果太宽，就会无法看到完整的表格。怎样才能让它在页面中完整显示呢?

工号	姓名	基础工资	效益工资	职务工资	扣假/欠班	奖金
1	宁洋	12000	12500	0	0	24500
2	黄钞麟	9050	11000	0	0	20050
3	莫佚如	4800	5100	0	0	9900
4	汪云鹏	4400	5200	0	0	9600
5	黄奕轩	5000	6000	0	0	11000
6	汪俊杰	4400	5800	0	0	10200
7	周静宜	5200	5500	0	0	10700
8	贡黄然	1000	1370	0	0	2370

在【布局】选项卡的功能区中单击【自动调整】图标，在菜单中选择【根据窗口自动调整表格】命令即可。

工号	姓名	基础工资	效益工资	职务工资	扣假/欠班	奖金	实发工资
1	宁洋	12000	12500	0	0	24500	49000
2	黄钞麟	9050	11000	0	0	20050	40100
3	莫佚如	4800	5100	0	0	9900	19800
4	汪云鹏	4400	5200	0	0	9600	19200
5	黄奕轩	5000	6000	0	0	11000	22000
6	汪俊杰	4400	5800	0	0	10200	20400
7	周静宜	5200	5500	0	0	10700	21400
8	贡黄然	1000	1370	0	0	2370	4740

06 如何用表格快速对齐文字和图片?

一篇Word文档里可能会有很多文字和图片，还在用敲空格方式进行对齐吗?其实Word里可以用表格进行排版，快速将文字和图片对齐。如何操作呢?

1 按图片数量插入一个表格，如1行 ×3 列的表格，调整表格行列宽度后单击鼠标右键，在弹出的菜单中选择【表格属性】命令。

2 在弹出的【表格属性】对话框中，在【表格】选项卡中单击【选项】按钮。

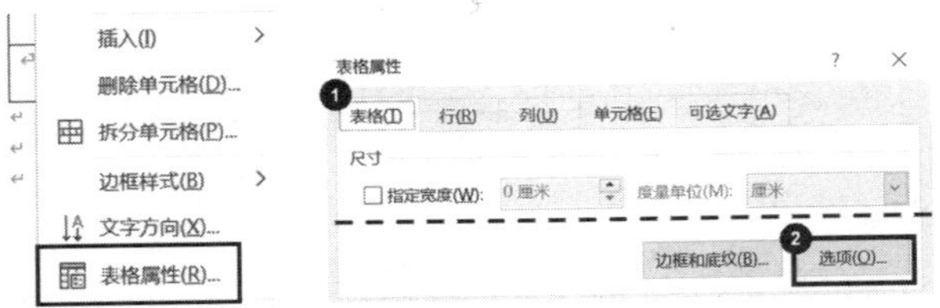

3 在弹出的【表格选项】对话框中，取消勾选【自动重调尺寸以适应内容】复选项，单击【确定】按钮完成设置。

此时输入文字和插入图片时，会自动适应单元格大小，且被快速对齐。

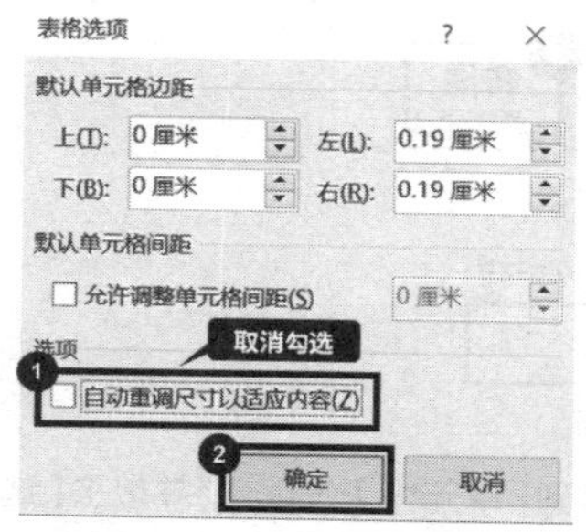

4 最后在【表设计】选项卡的功能区中单击【边框】图标，在菜单中选择【无框线】命令，即可让表格框线隐藏。

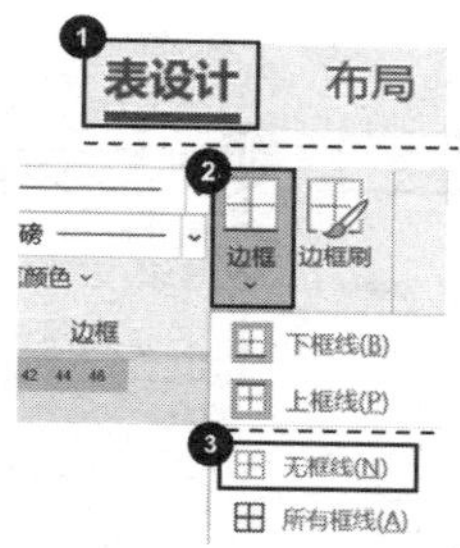

7.2 表格属性的调整

绘制了美观实用的表格后，如果不了解表格中单元格的属性对排版效果的影响，很容易出现表格断行，表格框架变形，甚至无法正常输入和显示内容的情况，本节就来教大家如何调整表格属性。

01 如何让表中文字紧靠边框？

当表格中的文字字体变大时，文字与边框会产生一定的距离，那么如何让表格中的文字紧靠边框呢？

1 选中表格或某个区域，在【布局】选项卡的功能区中单击【属性】图标。

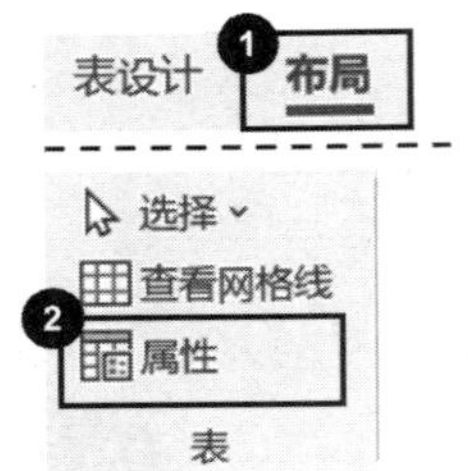

2 在弹出的【表格属性】对话框中，切换到【单元格】选项卡，并单击【选项】按钮。

3 在弹出的【单元格选项】对话框中，取消勾选【与整张表格相同】复选项，将各数值设置为“0 厘米”后单击【确定】按钮。

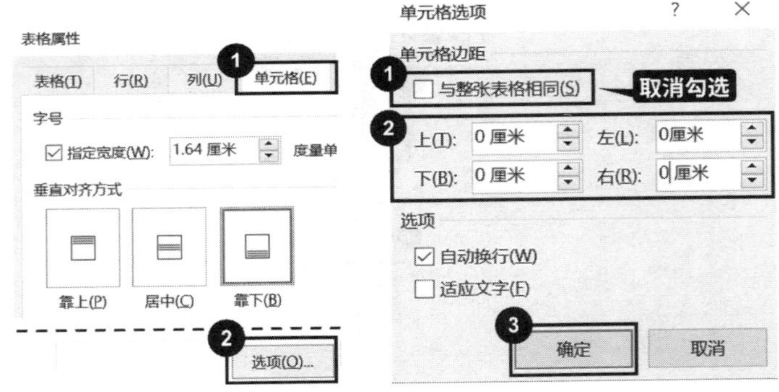

02 如何将 Word 表格复制到 Excel 中且不变形？

在日常工作中，我们经常需要将 Word 表格复制到 Excel，但复制、粘贴之后，表格变形，还需要自己调整。如何复制才能保证表格不变形呢？

1 打开 Word 表格文档，在菜单栏上依次选择【文件】-【另存为】命令，将文档的保存类型设置为【网页 (*.htm，*.html)】格式。

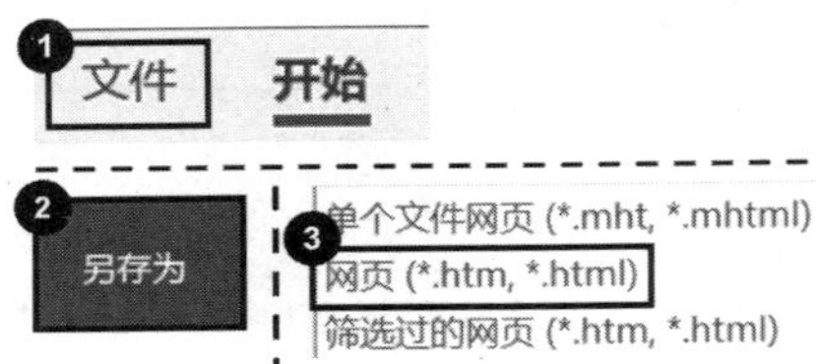

2 打开新建的 Excel 表格文件，在菜单栏上依次选择【文件】-【打开】命令，找到并打开刚刚保存的网页文件，单击【打开】按钮，也可以直接将该网页文件拖进一个打开的 Excel 表格中。

3 按快捷键【F12】打开【另存为】对话框，将文档格式修改为【Excel 工作簿（*.xlsx）】，单击【保存】按钮即可。

如下图所示，表格被原样复制，且能正常编辑。

	A	B	C	D	E
1					
2	个人简历				
3	姓名:		求职意向:		
4	性别:		工作经验:		
5	年龄:		最高学历:		
6	手机:		籍贯地址:		
7	邮箱:		现居地址:		

03 如何让表格表头在每一页重复显示?

当 Word 表格的内容多于一页时，为方便查看数据，需要让表头在每一页重复显示，怎么做呢?

方法 1

选中表格的标题行，在【布局】选项卡的功能区中单击【重复标题行】图标。

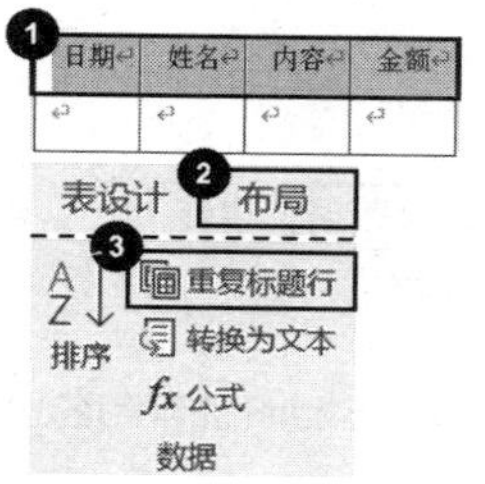

方法 2

选中表格中的标题行，单击鼠标右键，在菜单中选择【表格属性】命令，在弹出的【表格属性】对话框中切换到【行】选项卡，勾选【在各页顶端以标题行形式重复出现】复选项，单击【确定】按钮。

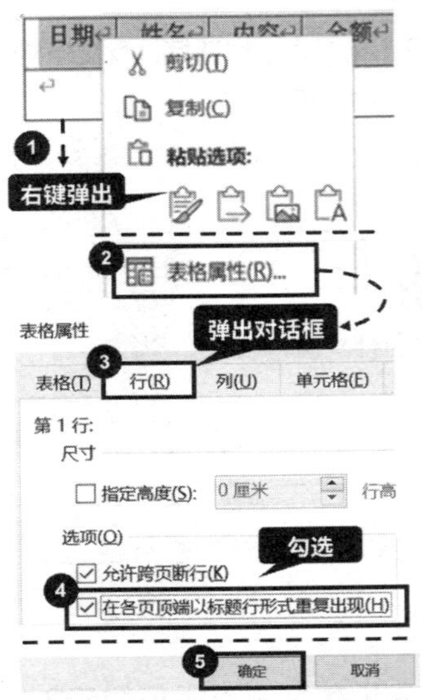

04 如何在表格里计算数据?

表格中的数据免不了要做加减乘除等运算，那么如何操作呢?

1 将光标定位到要计算的单元格中，在【布局】选项卡的功能区中单击【公式】图标。

一月数据	二月数据	合计
520	1314	

表设计 布局
重复标题行
转换为文本
排序
fx 公式
数据

2 在弹出的【公式】对话框中，会自动填充求和公式“=SUM(LEFT)”，单击【确定】按钮即可完成数据计算。

如果需要进行其他类型的函数计算，可以在公式对话框的【粘贴】框中选择对应的函数进行插入。

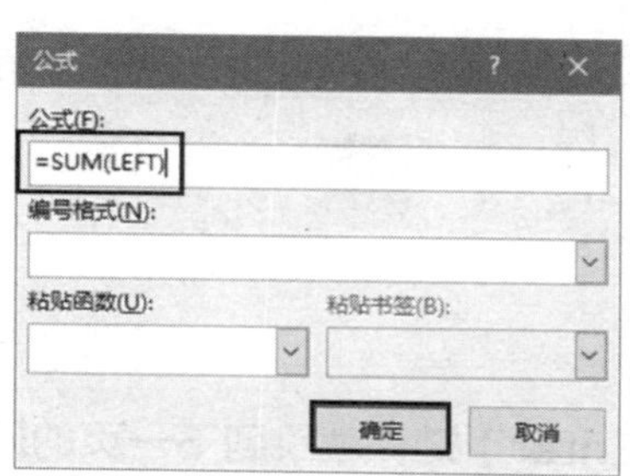

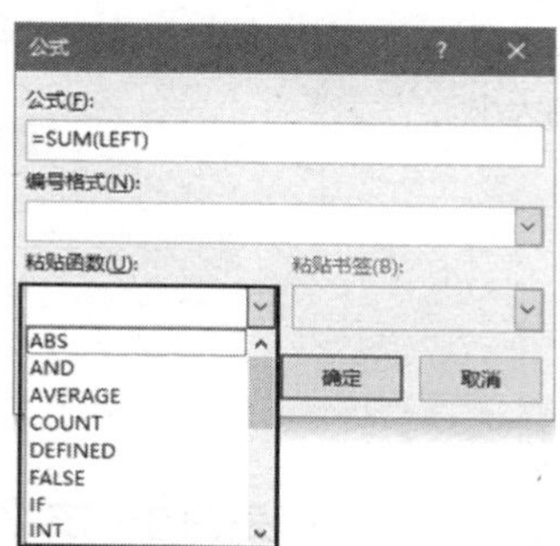

05 如何防止一插入图片表格就变形?

在 Word 表格中插入图片，如在简历表格中插入照片，单元格会根据图片大小变化，那么如何避免呢?

1 选中表格，在【布局】选项卡的功能区中单击【单元格边距】图标，打开【表格选项】对话框。

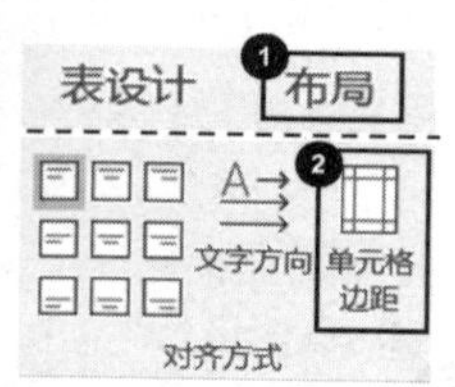

2 在【表格选项】对话框中取消勾选【自动重调尺寸以适应内容】复选项，单击【确定】按钮即可。

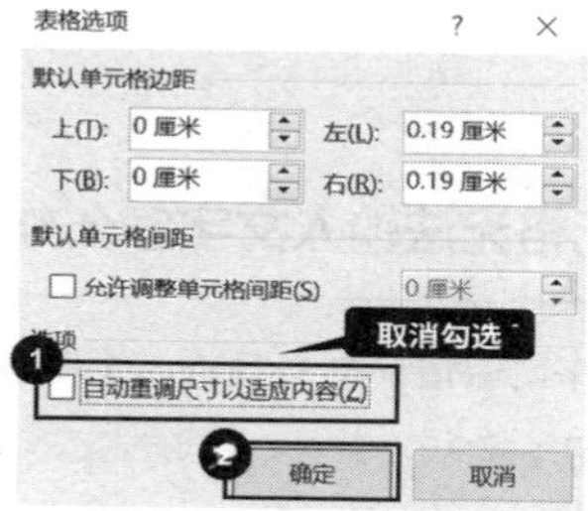

如上操作后再插入图片，表格不会变形，而是自动把图片尺寸调整到适合单元格的大小。

姓　名	XXXX	性　别	男	
出生年月	1992 年 12 月	民　族	汉族	
籍　贯	湖北武汉	健康状况	健康	
政治面貌	党员	联系电话	027-XXXXXXXX	

06 怎么解决表格内一按【Enter】键，就跳到下一页的问题？

有时在 Word 表格内输入内容按【Enter】键换段会自动跳到下一页，这个问题该如何解决呢？

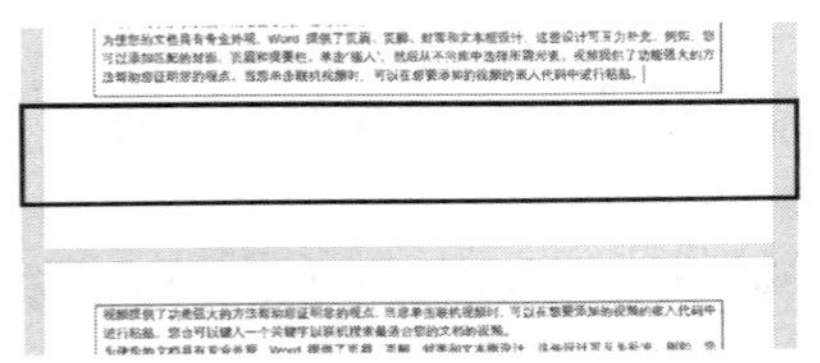

1 选中表格，单击鼠标右键，在菜单中选择【表格属性】命令。

2 在弹出的【表格属性】对话框中，切换到【行】选项卡，勾选【允许跨页断行】复选项，单击【确定】按钮即可。

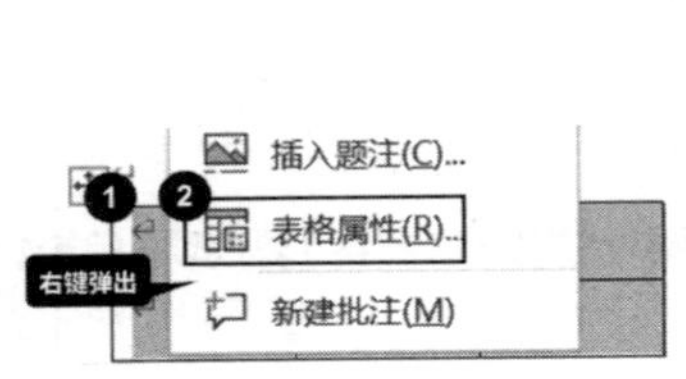

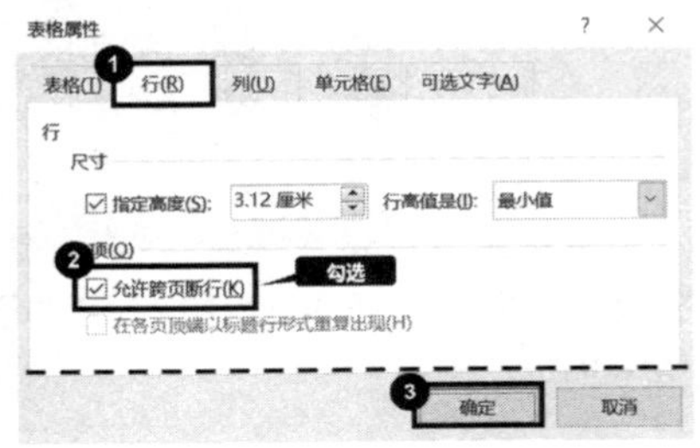

07 表格中的单元格无法输入文字怎么办？

有时在 Word 文档处于可编辑状态，但 Word 表格中的单元格却无法输入文字，这是什么原因？如何解决呢？

这种情况一般是由于段落设置的首行缩进数值过大导致的，可按如下操作解决。

1 在【开始】选项卡的功能区中单击【段落】组右下角的【段落设置】扩展按钮。

2 在弹出的【段落】对话框中，切换到【缩进和间距】选项卡，在【缩进】组中，将【特殊】下的【首行】改为【无】，单击【确定】按钮。

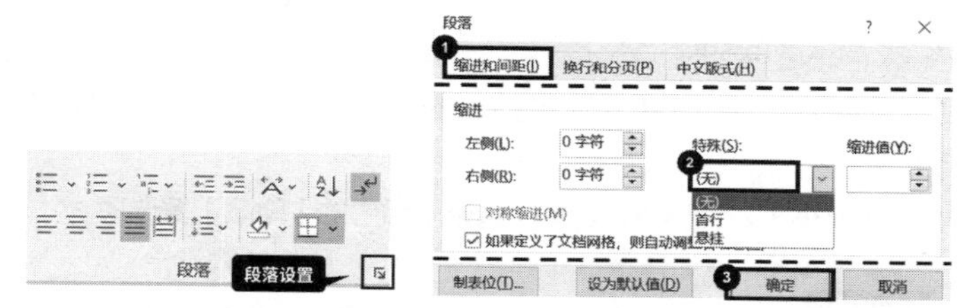

也可以将【缩进值】的数值改小，比如“2 字符”。

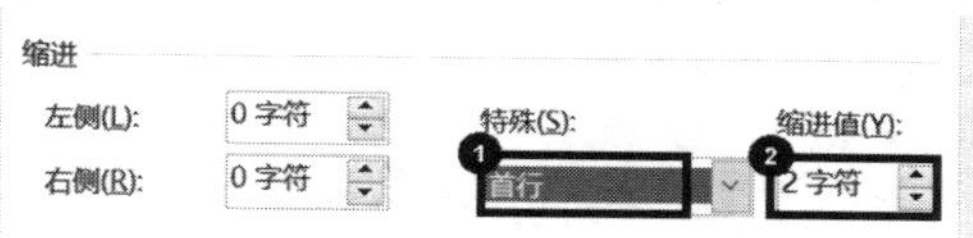

08 如何删除 Word 表格后的空白页?

在绘制 Word 表格时，经常会遇到表格大小刚好一页，但后面多了一个空白页，按【BackSpace】键和【Delete】键都无法删除，打印文档也会多出一页白纸，那该怎么解决呢？可尝试以下 3 种方法。

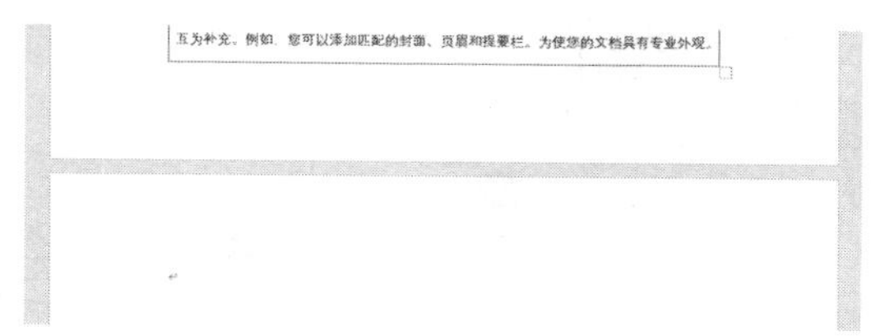

方法 1：调整行间距

1 将光标定位在空白页段落标记的最前端，在【开始】选项卡的功能区中单击【段落】组右下角的【段落设置】扩展按钮。

2 在弹出的【段落】对话框中，切换到【缩进和间距】选项卡，并设置【行距】为【固定值】，【值】输入“1 磅”。

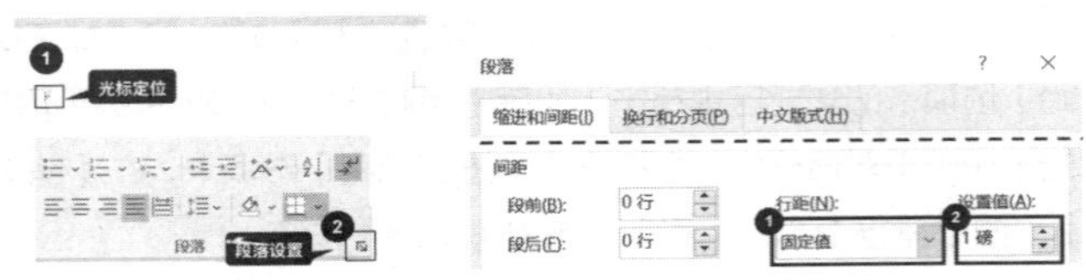

方法 2：隐藏段落标记

1 选中空白页的段落标记，在【开始】选项卡的功能区中单击【字体】组右下角的【字体设置】扩展按钮。

2 在弹出的【字体】对话框中，勾选【效果】组中的【隐藏】复选项。

3 若空白页没有消失，可以在【开始】选项卡的功能区中单击【显示/隐藏编辑标记】图标，当其没有灰色底纹时空白页就会自动隐藏。

方法 3：调整页边距

1 在【布局】选项卡的功能区中单击【页边距】图标，在菜单中选择【自定义页边距】命令。

2 在弹出的对话框中将下边距的数值适当调小即可。

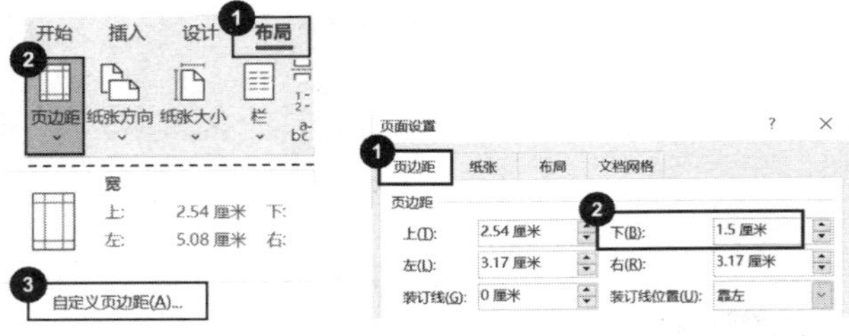

第 8 章
文档目录、脚注与题注

目录作为一份长文档的重要组成部分，能起到提纲挈领的作用，也便于读者快速了解整篇文档的结构。在文档编写过程也要经常使用脚注 / 尾注来对文档中的部分内容进行解释说明。重要的图片表格，也都需要使用题注来标注序号和名称。

8.1 目录的生成与自定义

在 Word 软件中提供了多种创建目录的方式，既可以手动编写也可以根据大纲级别的设置自动生成，甚至还可以自定义目录。本节将介绍如何创建目录，以及如何自定义目录格式。

01 如何对齐目录中的页码？

借助 Word 的手动目录功能做了一个目录，可是页码总是参差不齐，应该如何调整呢？

1 在【视图】选项卡的功能区中勾选【标尺】复选项。

2 将鼠标指针移动到目录处单击进入，选中需要对齐的内容。

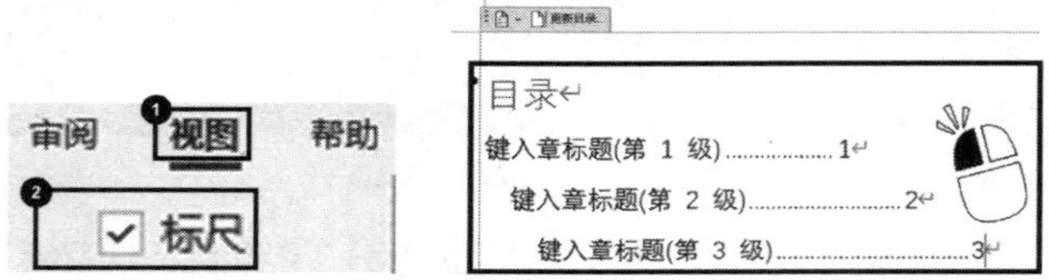

3 按住鼠标拖动标尺上的滑块即可对齐页码。

02 如何在 Word 中自动生成目录？

老板让我快速地给他的文档做一个目录，可是几十个标题手动输入太慢了，怎么才能自动生成目录呢？

注意：

生成目录前，文档标题需要先应用标题样式。

1 在【引用】选项卡的功能区中单击【目录】图标。

2 在弹出的菜单中选择【自动目录 1】或【自动目录 2】即可。

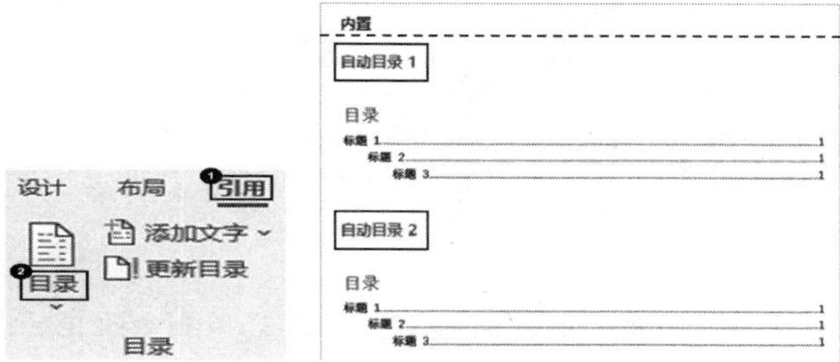

03 如何设置自动生成目录的显示级别?

自动生成目录真的又快又好，可是生成出来的目录只显示 3 个级别，想要显示多个级别的标题应该怎么办?

1 在【引用】选项卡的功能区中单击【目录】图标，在菜单中选择【自定义目录】命令。

2 在弹出的【目录】对话框中，使用上下按钮调节【显示级别】，单击【确定】按钮即可。

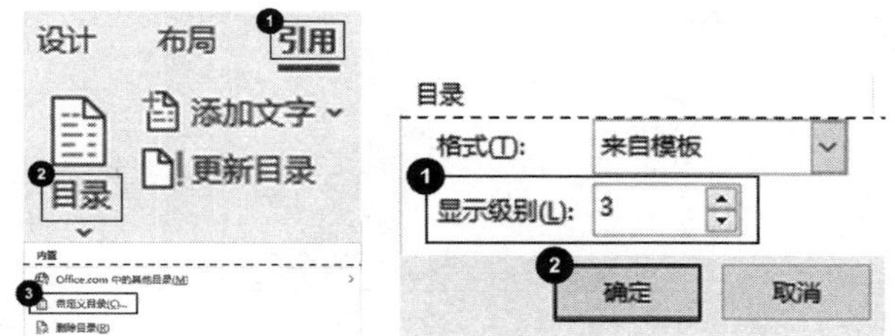

04 如何自定义 Word 目录样式?

自动生成的目录的字体、大小、还有引导线不是自己需要的格式，如何才能自定义目录的样式?

1 在【引用】选项卡的功能区中单击【目录】图标。

2 在菜单中选择【自定义目录】命令，在弹出的【目录】对话框单击【修改】按钮。

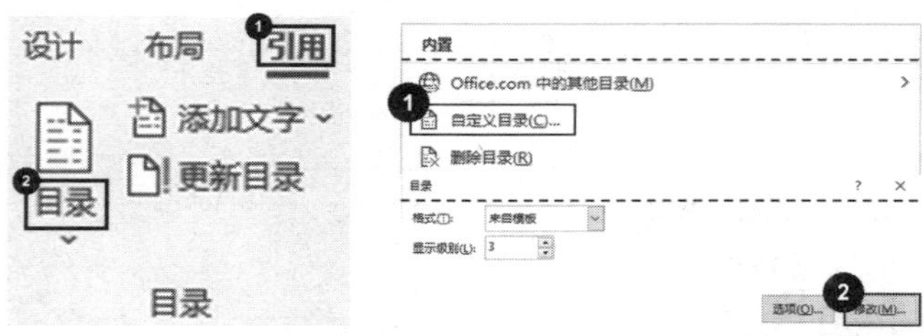

3 在弹出的【样式】对话框中选择需要修改的目录样式，单击【修改】按钮进行修改。

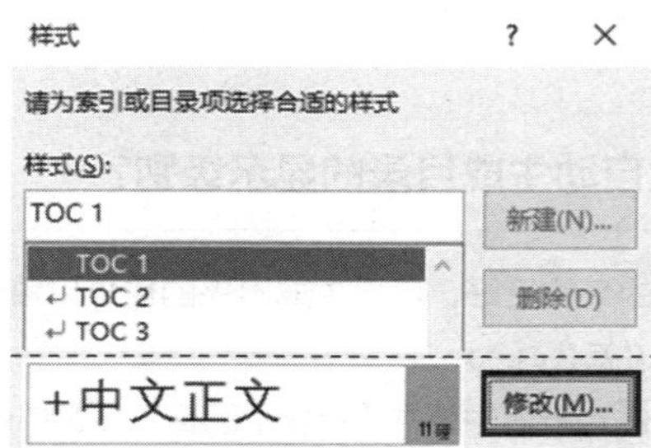

4 在弹出的【修改样式】对话框内可以修改目录样式的格式、段落等属性，修改完毕后，单击【确定】按钮即可。

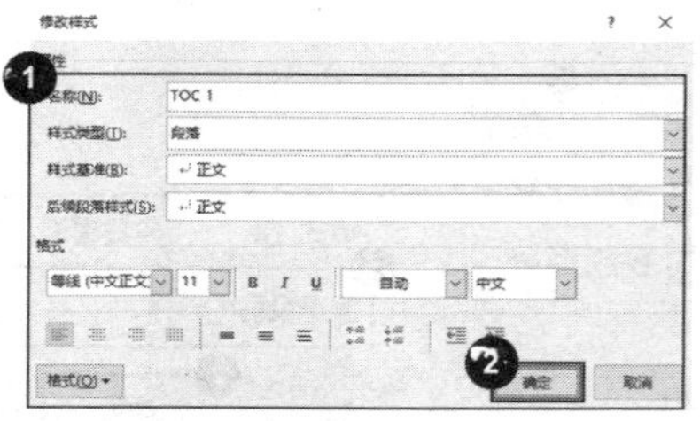

05 如何额外给每个章节都设置一个目录?

章节较多的文档总目录不会将全部的标题显示出来，想要给每一个章节添加一个章目录，但是应该如何快速添加呢?

下面以为第一章内容添加目录为例。

1 选中第一章的全部内容。

2 在【插入】选项卡的功能区中单击【书签】图标。

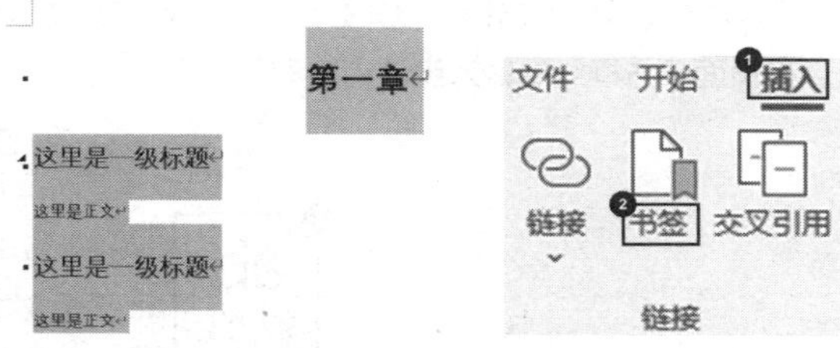

3 在弹出的【书签】对话框中添加【书签名】为“第一章”，依次单击【添加】和【关闭】按钮。

4 在第一章的标题前，按快捷键【Ctrl+F9】插入域括号“{}”，在域括号中输入“toc 空格 \b 第一章”后选中域，右键单击，在菜单中选择【更新域】命令或按【F9】键，即可为长文档生成章节目录。

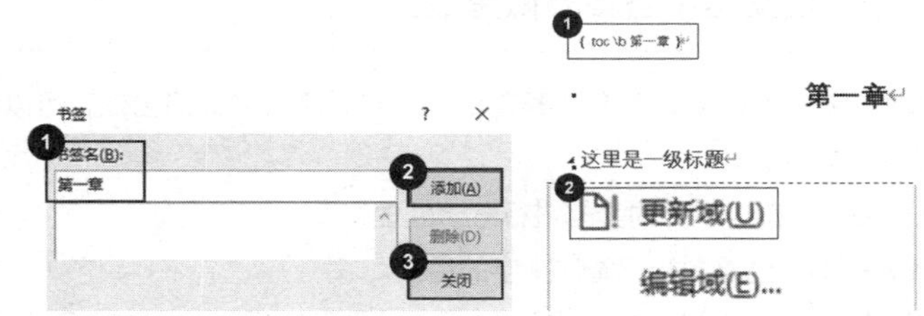

8.2 脚注和尾注的生成与调整

脚注和尾注是经常被人忽略掉的功能，但是我们却经常可以在图书、论文中见到它们的身影，它们是对文档中进行注释的重要组成部分。本节我们将学习如何插入和调整它们的格式。

01 如何给文档中的文字添加脚注?

在学术论文中，每一页的底部常常会有一个解释说明的部分，这就是脚注，如何在 Word 中实现这种效果呢?

1 将鼠标光标移动到需要标记脚注文字的后面。

2 在【引用】选项卡的功能区中单击【插入脚注】图标，也可按快捷键【Ctrl+Alt+F】插入脚注，最后在页面下方横线处输入脚注内容即可。

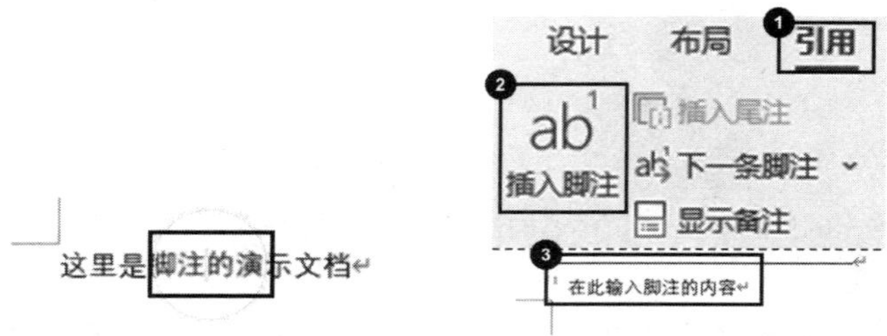

02 如何给文档中各章节做尾注?

在学术文献的写作中，我们需要在每一章节后添加引文的出处，可以通过插入尾注来实现这种效果。

插入章节尾注前，需要对文档进行分节处理。

1 将鼠标光标移动到需要标记尾注文字的后面。

2 在【引用】选项卡的功能区中单击【插入尾注】图标，也可按快捷键【Ctrl+Alt+D】插入尾注，最后在横线处输入尾注内容即可。

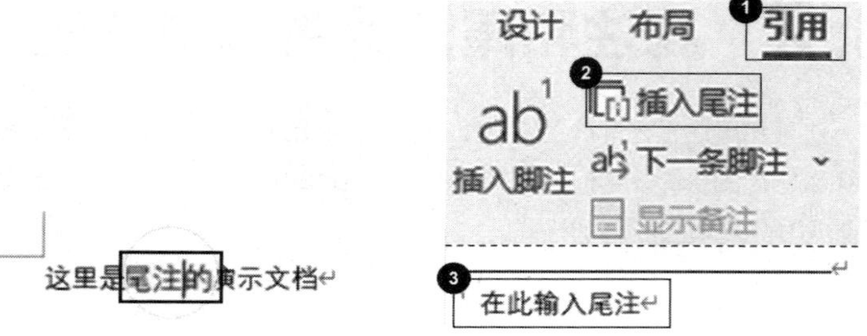

3 此时尾注会显示在整个文档的末尾，需要在【引用】选项卡的功能区中单击【显示备注】图标右下角的扩展按钮，打开【脚注和尾注】对话框，将位置修改为【节的结尾】。

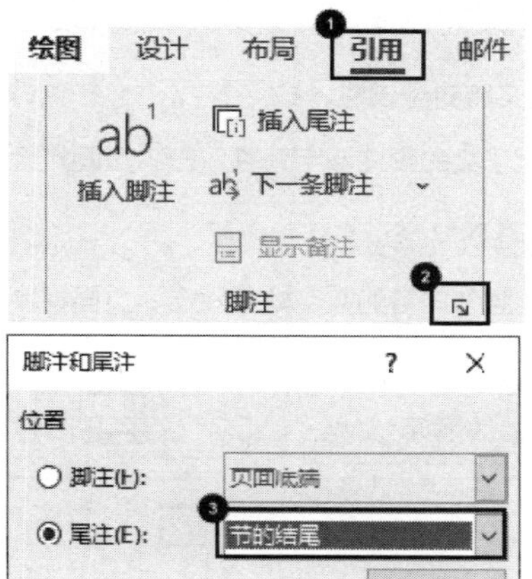

03 如何让脚注每页重新编号?

我们常常在文献中看到每一页的脚注编号都是从 1 开始的，那应该如何设置这种效果呢？

1 在【引用】选项卡的功能区中单击【脚注】组右下角的扩展箭头。

2 在弹出的【脚注和尾注】对话框内调整【编号】设置为【每页重新编号】，单击【应用】按钮即可。

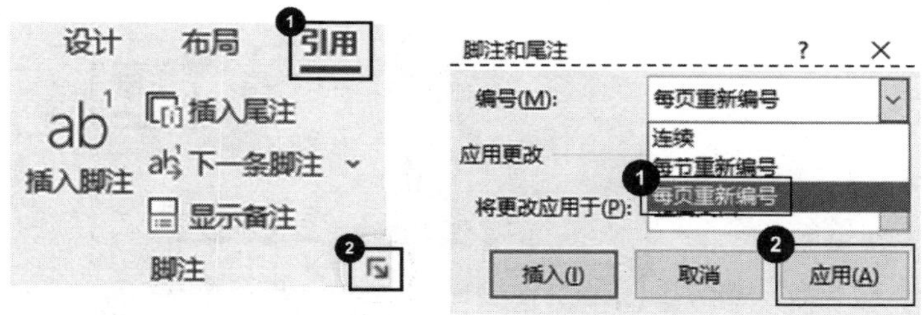

04 如何快速跳转到想要的脚注位置?

添加了脚注之后，如果需要修改，在页面间靠肉眼搜寻费时费力，那应该怎么办？其实在 Word 中只需要一步就可以实现脚注之间的跳转。

跳转方式 1：从正文跳转至脚注

将鼠标指针移动至正文的脚注数字处并双击，页面将会自动跳转到脚注处。

跳转方式 2：从脚注跳转至正文

将鼠标指针移动至脚注内容的数字处并双击，页面将会自动跳转至正文处。

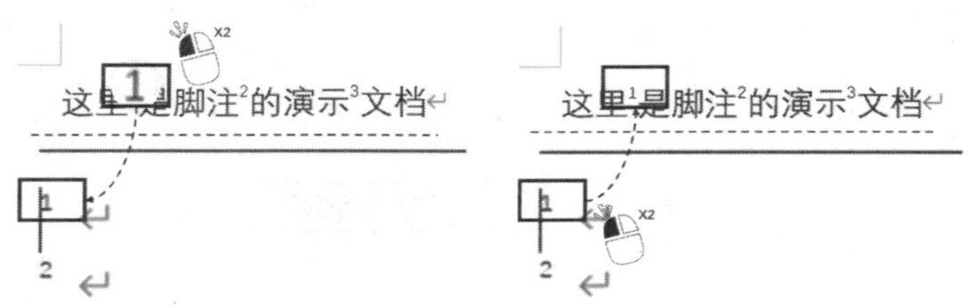

05 如何删除脚注和正文之间的那条短横线？

添加脚注之后，在脚注和正文之间会生成一条短横线，如果我们不需要短横线应该怎么办？

1 在【视图】选项卡的功能区中单击【草稿】图标，进入草稿视图。

2 在【引用】选项卡的功能区中单击【显示备注】图标，在页面下方弹出的窗格内修改【脚注】为【脚注分隔符】。

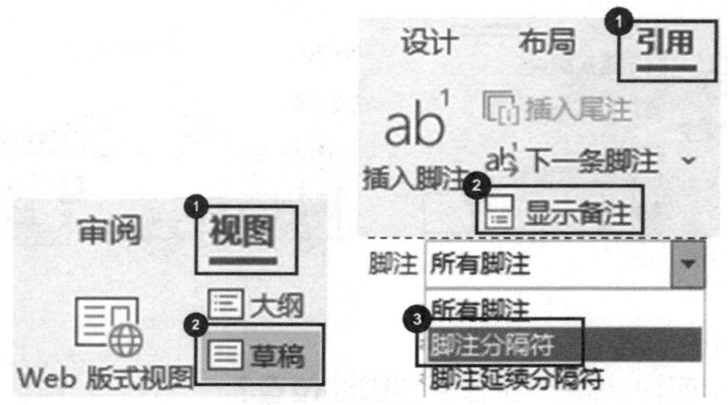

3 选中显示出来的横线，按【Delete】键即可删除短横线。

4 在【视图】选项卡的功能区中单击【页面视图】图标即可返回默认的页面视图。

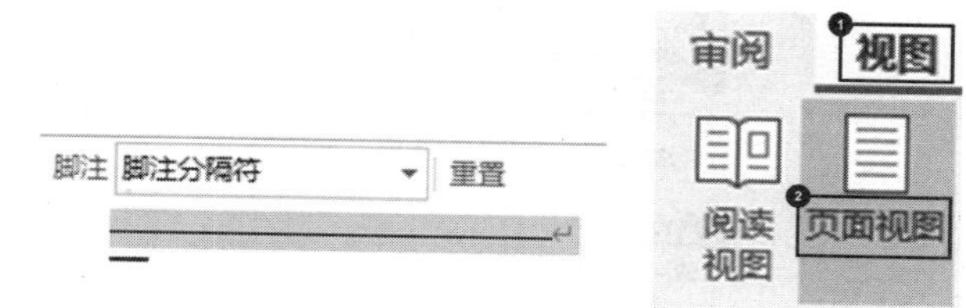

8.3 题注的插入与交叉引用

文档中除了段落需要进行编号之外，图片和表格也需要进行编号，很多人只知道手动为图片编号，殊不知在 Word 中有题注这个功能能够帮助我们快速完成，而且这样编号完全不用担心增删造成的编号重调，一切都会自动修正。

01 如何给文档里面的图片和表格进行编号?

在很多长文档中需要对图片和表格进行编号，如何生成自动变化的编号呢?

给图片编号

1 右键单击需要编号的图片，在弹出的菜单中选择【插入题注】命令。

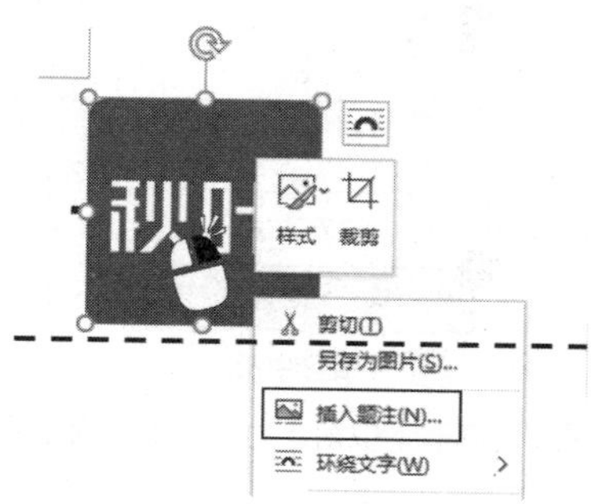

2 在弹出的【题注】对话框中单击【新建标签】按钮，在弹出的【新建标签】对话框中输入标签名“图片”，单击【确定】按钮。

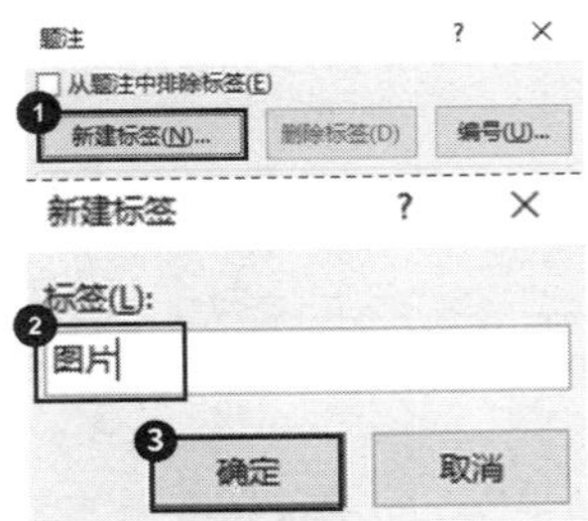

3 修改【标签】为【图片】，修改【位置】为【所选项目下方】，然后单击【编号】按钮。

4 在【题注编号】对话框中为图片设置【编号格式】与是否【包含章节号】等参数，最后单击【确定】按钮完成设置。

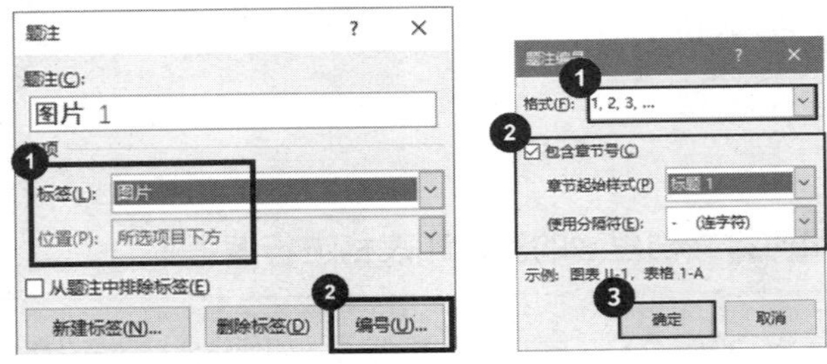

给表格编号

1 右键单击表格左上角的“田”字按钮，在弹出的菜单中选择【插入题注】命令。

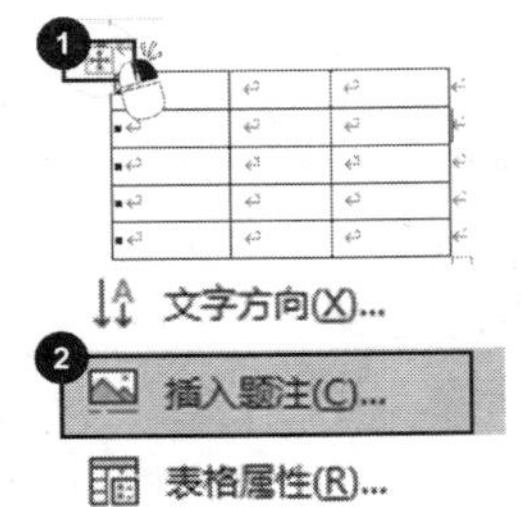

2 修改【标签】为【表格】，修改【位置】为【所选项目上方】，然后单击【编号】按钮。

3 在【题注编号】对话框中为表格设置【编号格式】与是否【包含章节号】等参数，最后单击【确定】按钮完成设置。

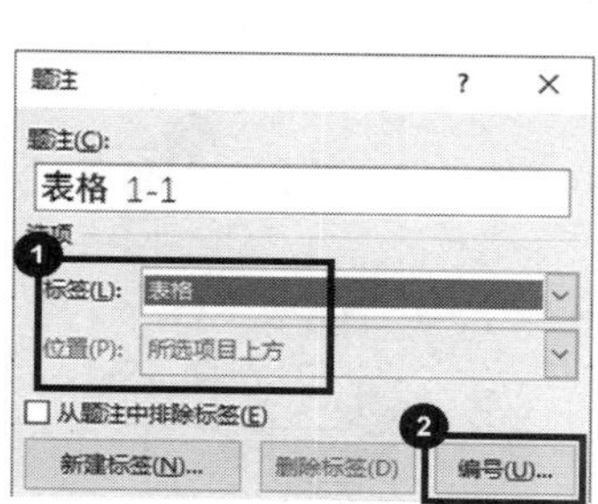

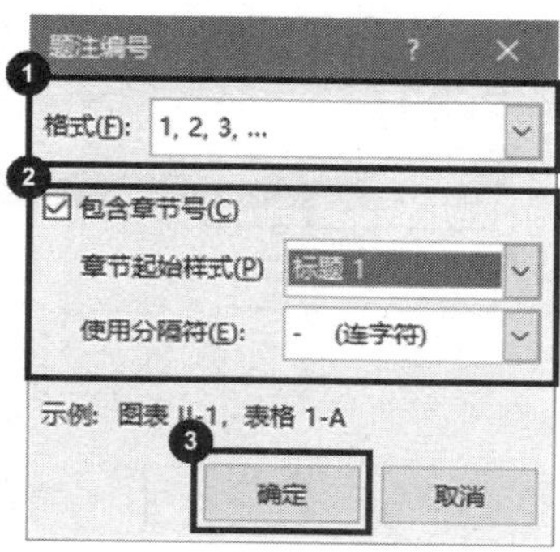

02 如何在插入图片时自动给图片编号?

手动给图片添加题注还是需要逐个图片进行添加，有没有一种方法可以在添加图片的时候就进行自动编号?

1 在【引用】选项卡的功能区中单击【插入题注】图标，在弹出的【题注】对话框中单击【自动插入题注】按钮。

2 在弹出的【自动插入题注】对话框中选择【Bitmap Image】，将【使用标签】修改为【图片】，单击【编号】按钮，进入【题注编号】对话框。

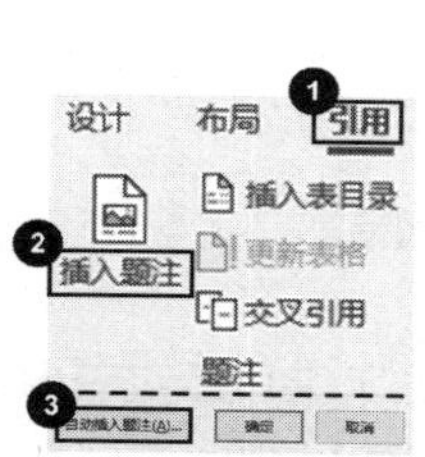

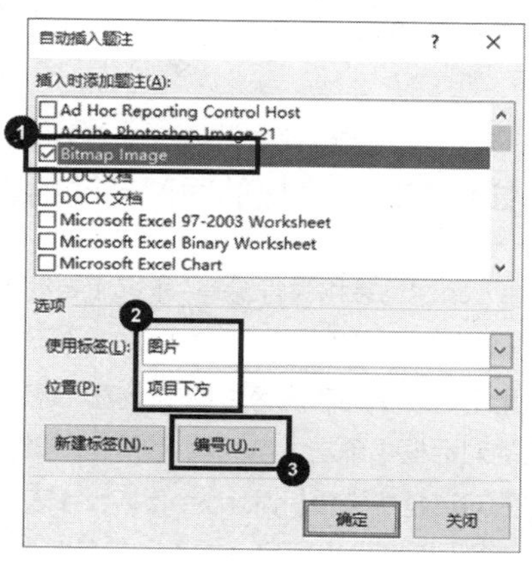

3 在【题注编号】对话框中调整题注编号的【格式】及是否【包含章节号】，单击【确定】按钮完成设置。

4 在【插入】选项卡的功能区中单击【对象】图标。

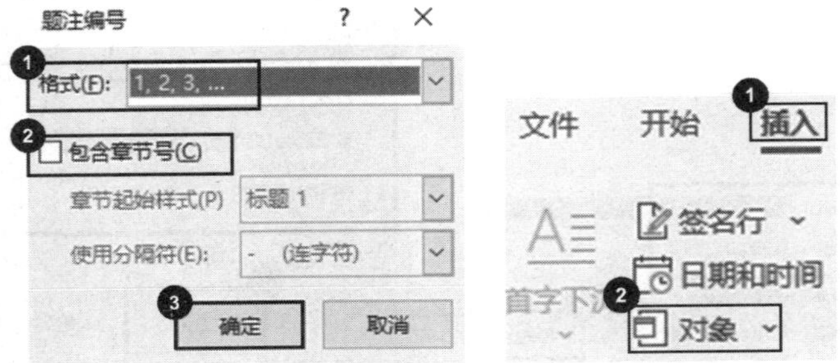

5 在弹出的【对象】对话框中选择【Bitmap Image】选项，单击【确定】按钮。

6 在弹出的【位图图像 ...】窗口单击功能区中的【粘贴】图标，在菜单中选择【粘贴来源】命令，之后选择需要插入的图片即可。

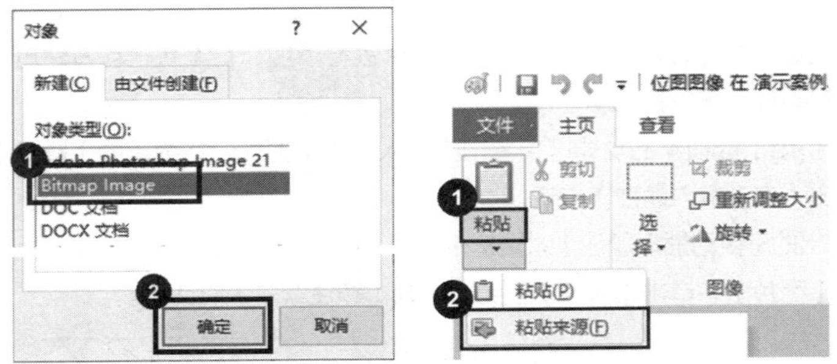

03 如何在插入表格的同时自动给表格编号?

手动插入题注给表格进行编号，永远没有插入表格的同时自动进行编号快速，想知道怎么做？请向下看。

1 在【引用】选项卡的功能区中单击【插入题注】图标。

2 在弹出的对话框中单击【自动插入题注】按钮。

3 在弹出的对话框中选择【Microsoft Word 表格】选项，将【使用标签】修改为【表格】，【位置】设置为【项目上方】，然后单击【编号】按钮。

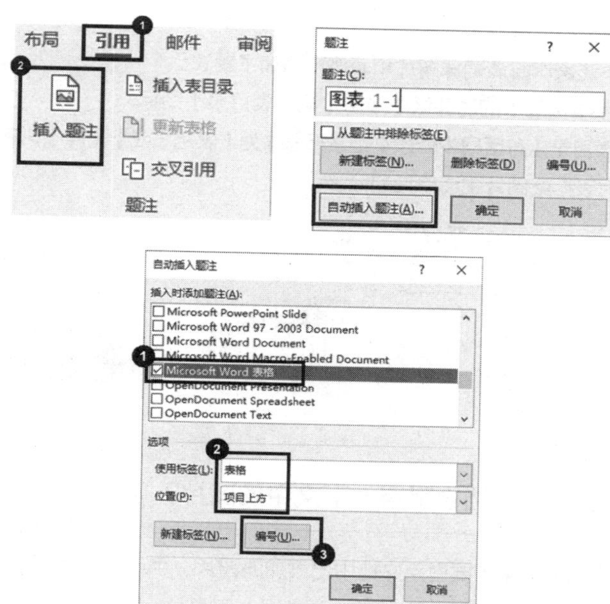

4 在弹出的【题注编号】对话框中调整题注编号的【格式】及是否【包含章节号】，单击【确定】按钮完成设置。

5 在【插入】选项卡的功能区中单击【表格】图标，在菜单中选择合适方式插入表格后，表格会自动添加题注，然后在题注后输入表格名即可。

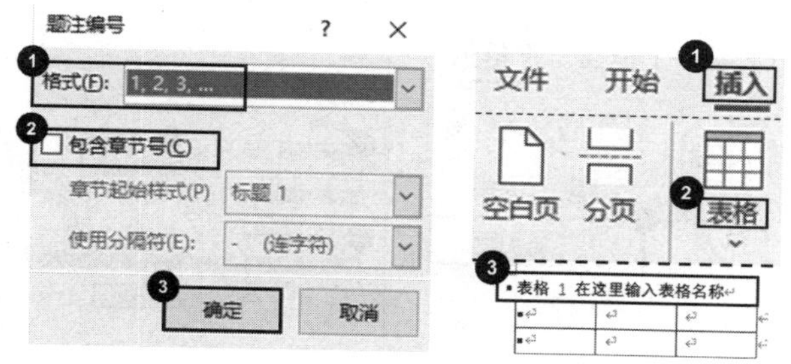

04 如何给文档中的图片 / 表格制作目录？

在一些长文档的排版中，常常要求制作图片 / 表格目录，怎么样才能自动生成图片和表格的目录呢？

进行下述操作时请确保图片和表格已添加了题注。

1 在【引用】选项卡的功能区中单击【插入表目录】图标。

2 在【图表目录】对话框中修改【题注标签】为【表格】或【图片】，单击【确定】按钮即可为表格或图片生成单独的目录。

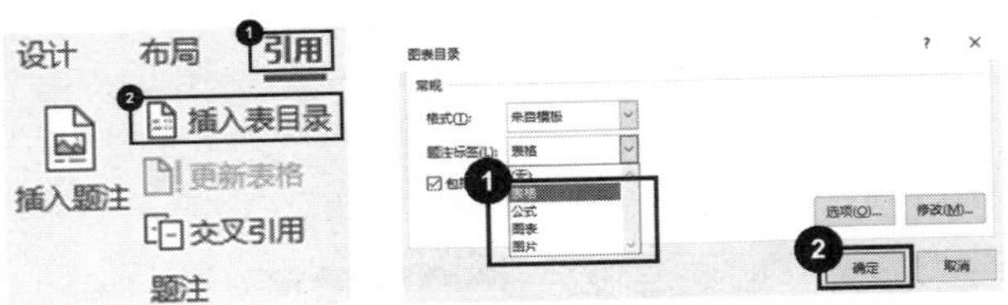

05 如何在文档中引用上下文中的图片?

在长文档中常常需要引用文档中已添加的图片，手动添加后不方便后续的修改，怎么才能快速添加方便更改呢?

进行下述操作时请确保图片已应用题注。

1 在【引用】选项卡的功能区中单击【交叉引用】图标。

2 在弹出的【交叉引用】对话框中修改【引用类型】为【图片】，修改【引用内容】为【仅标签和编号】，在下方列表中选择需引用的图片后，单击【插入】按钮即可。

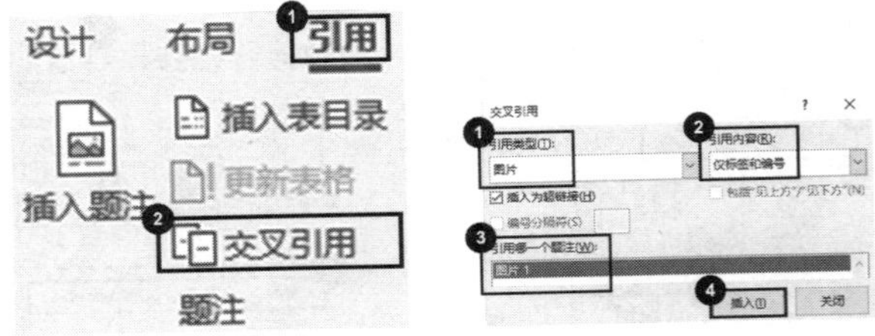

06 如何获取参考文献的格式?

论文的文献格式总是写不对，有没有可以复制、粘贴的方法呢? 别急，这就来了! 以图书《和秋叶一起学 Word》为例。

1 打开百度学术网，在搜索框输入“和秋叶一起学 Word”，单击【百度一下】按钮。

2 在弹出的页面中单击【引用】按钮，选中一种文献标准，按快捷键【Ctrl+C】复制，回到文档中按快捷键【Ctrl+V】粘贴即可。

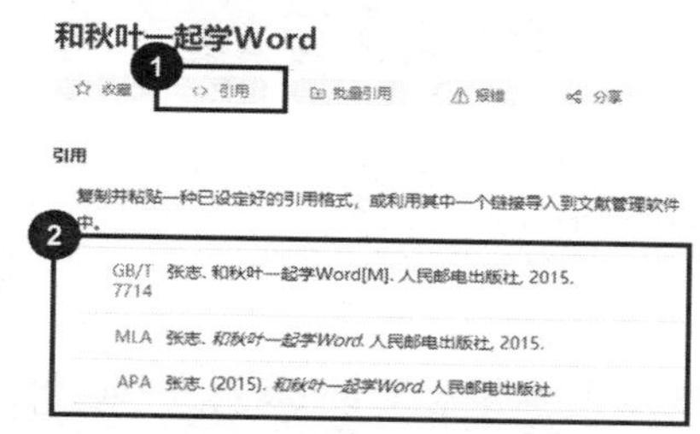

第 9 章 文档的页眉和页脚设置

只要不是只有一页的文档，都有必要为其添加页眉、页脚和页码。设置页眉、页脚的目的是为页面提供样式丰富且准确的导航信息。页眉和页脚是大型文档不可获取的一部分。一般在页眉处会放置当前内容所属章节，在页脚处会放置页码等信息。页眉和页脚设置是制作专业文档不得不学的内容。

01 如何去掉页眉上的横线?

在生成页眉和页脚之后，会有一条默认的横线产生。如果不需要这条横线，可以通过下面的 3 种方法取消。

方法 1

1 将鼠标指针移动到页眉处并双击进入页眉和页脚编辑状态，选中页眉中的所有内容。

2 在【开始】选项卡的功能区中单击【边框】图标右侧的下拉按钮，在弹出的菜单中选择【无框线】命令。

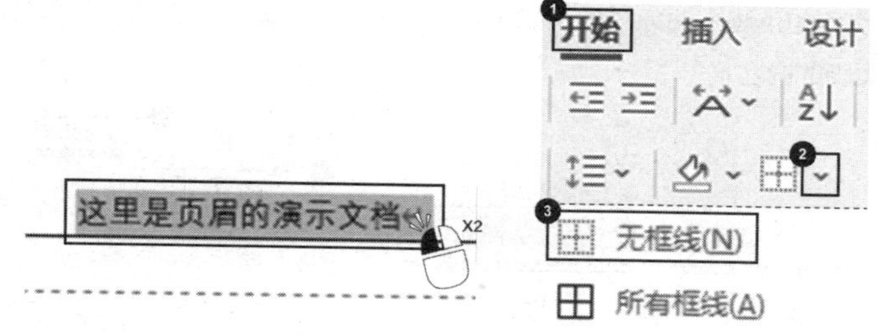

方法 2

1 将鼠标指针移动到页眉和页脚处并双击进入页眉和页脚编辑状态，选中页眉中的所有内容。

2 在【开始】选项卡的功能区中单击【清除格式】图标。

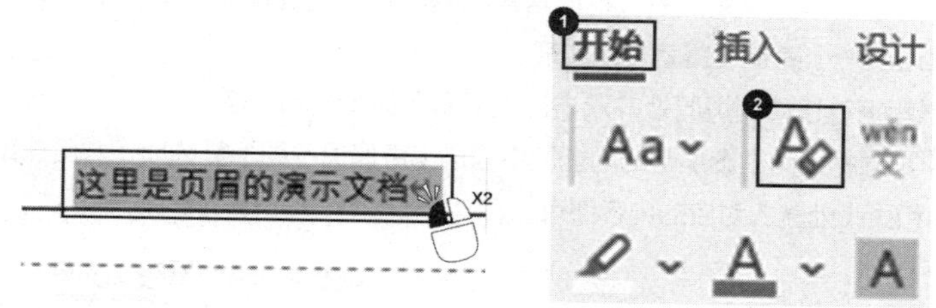

方法 3

1 将鼠标指针移动到页眉处并双击进入页眉和页脚编辑状态。

2 使用快捷键【Ctrl+Shift+N】应用文档的正文样式，即可清除页眉横线。

02 如何让页眉和页脚从第二页开始显示?

许多文档中，首页是封面的内容，而封面是不需要页眉和页脚的，我们应该如何让页眉和页脚从第二页开始?

1 将鼠标指针移动到页眉处并双击进入页眉和页脚编辑状态。

2 在【页眉和页脚】选项卡的功能区中勾选【首页不同】复选项，在第二页输入页眉和页脚的内容。

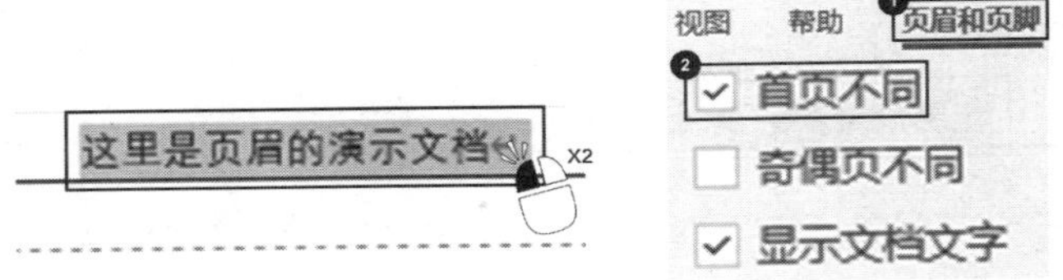

03 如何设置奇数页和偶数页不同的页眉和页脚?

在图书、报告等文档中，我们常常看到左右两页的页眉和页脚不一样，这样的效果通过一个简单设置就可以实现。

1 将鼠标指针移动到页眉处并双击进入页眉和页脚编辑状态。

2 在【页眉和页脚】选项卡的功能区中勾选【奇偶页不同】复选项，然后在奇偶页的页眉和页脚处输入对应的内容即可。

04 如何让文档每一页页眉显示所在章节标题?

在章节比较多的文档中，页眉内容常常对应着所在的章节标题，用什么样的方法可以实现在页眉处自动添加章节标题呢?

注意:

文档中的章节标题一定要应用标题样式如下操作方可生效。

1 将鼠标指针移动到页眉处并双击进入页眉和页脚编辑状态。

2 在【页眉和页脚】选项卡的功能区中单击【文档部件】图标，在弹出的菜单中选择【域】命令。

3 在弹出的【域】对话框中选择域为【StyleRef】，在右侧选择对应的样式名，如【标题 1】，单击【确定】按钮关闭对话框。

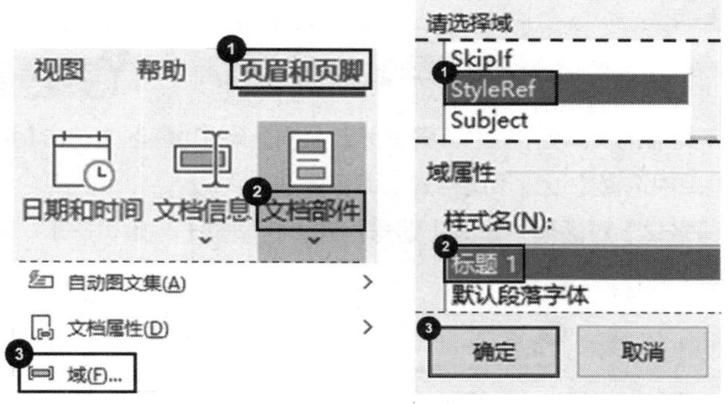

05 如何给文档设置两种以上不同的页码?

老板让我把一份文档的目录和正文设置不同的页码格式，目录用罗马数字，正文用阿拉伯数字，可弄来弄去都只能是同一种格式，怎么才能快速地给一份文档添加不同的页码呢?

1 将鼠标光标移动到所需第一种页码的页面末尾处。

2 在【布局】选项卡的功能区中单击【分隔符】图标，在弹出的菜单中选择【下一页】命令，将文档分为第 1 节和第 2 节。

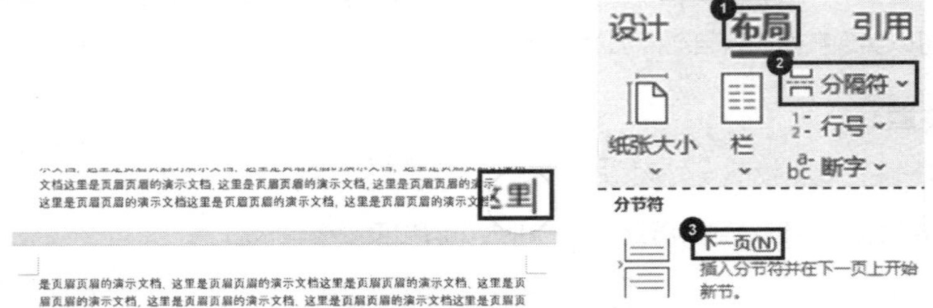

3 将鼠标指针移动到所需第二种页码起始页面的页脚处并双击进入页眉和页脚编辑状态。

4 在【页眉和页脚】选项卡的功能区中单击【链接到前一节】图标，当图标的灰色底纹消失，代表第 2 节与第 1 节页脚的链接已被断开。

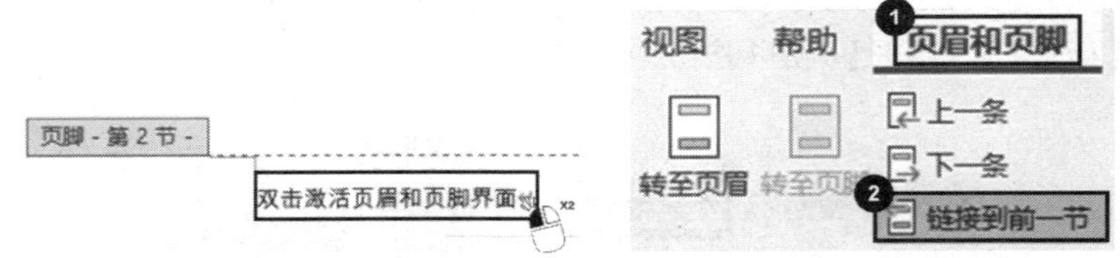

5 定位到不同节的页脚处，在【页眉和页脚】选项卡的功能区中单击【页码】图标，在弹出的菜单中选择【设置页码格式】命令。

6 在【页码格式】对话框中修改【编号格式】，调整【起始页码】，即可为不同节设置不同的页码。

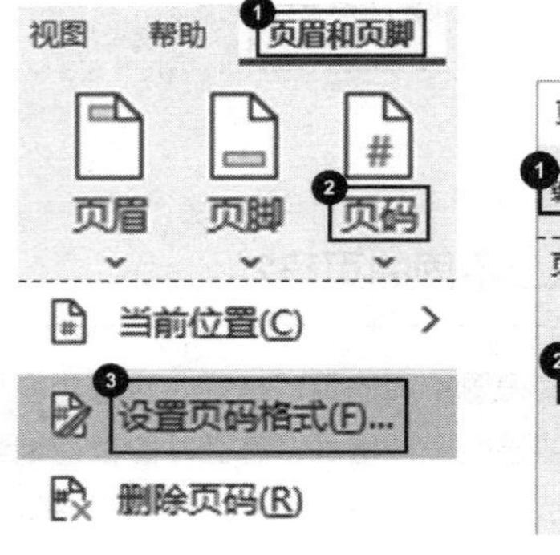

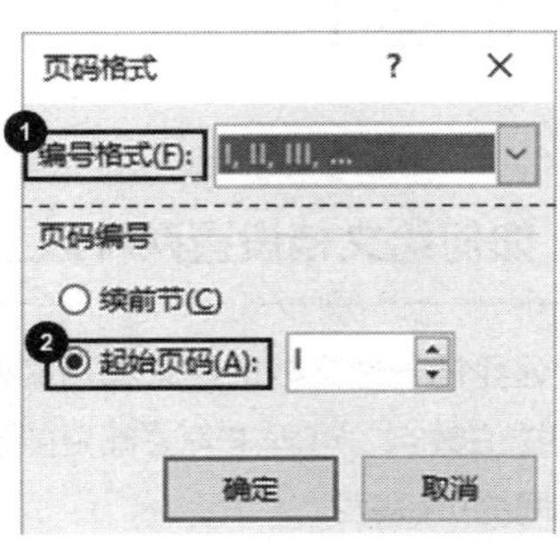

06 如何设置一个页面有两个连续页码？

在分两栏显示的文档中，需要在一个页面中显示两个连续的页码，想要省时省力地完成，下面的操作一定要牢记。

1 将鼠标指针移动到页码处并双击激活页眉和页脚编辑状态。

2 在【页眉和页脚】选项卡的功能区中单击【页脚】图标，在弹出的菜单中选择【空白（三栏）】命令，插入一个新的空白页脚。

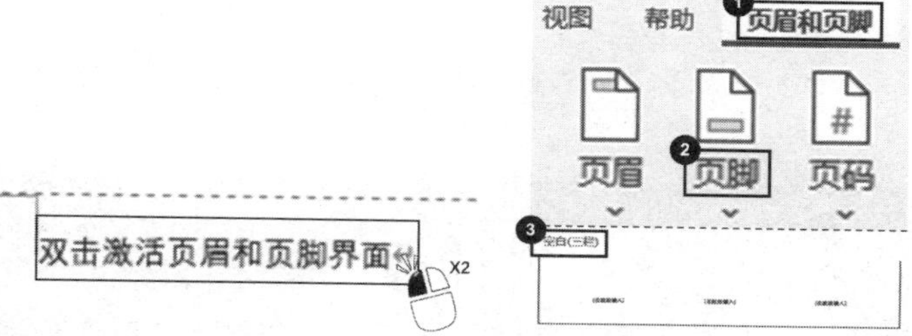

3 在页脚处单击选中中间的【在此处键入】，按【Delete】键删除，单击选中左侧的【在此处键入】，按快捷键【Ctrl+F9】生成“{}”（后续的“{}”也用此快捷键插入），在“{}”内输入 =2*{page}-1，单击选中右侧的【在此处键入】，按快捷键【Ctrl+F9】生成 {}，在中括号内输入 =2*{page}。

4 完成后的代码如下图所示，按快捷键【Alt+F9】即可完成域代码到页码之间的切换，得到同一页中有两个连续页码的效果。

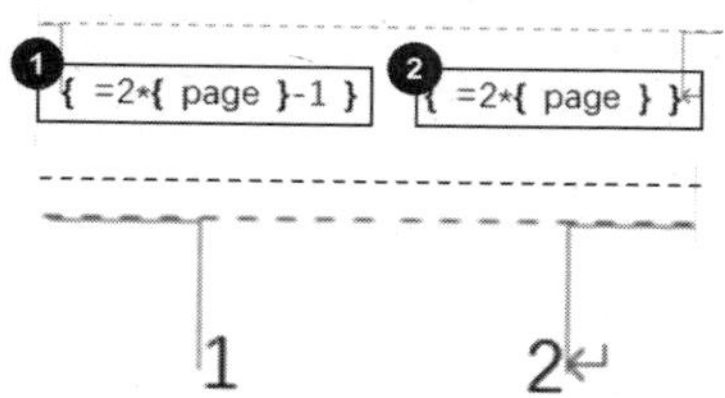

和秋叶一起学

秒懂Word

第 10 章 文档的视图与审阅

【视图】和【审阅】是 Word 中很多人会忽略的两个选项卡，但它们可以帮助我们解决很多文档中的疑难杂症，比如如何快速查看不可见的编辑符号并删除，如何保护文档，防止文档被他人乱改。本章主要介绍这两个选项卡，好好学习能让你更好地了解和保护自己的文档。

10.1 视图的选择与应用

我们平时使用 Word 就是在普通视图下直接开始编辑内容，但其实 Word 软件内置了多种文档视图，不同视图下能够实现的功能也大不相同。

01 如何使用大纲视图快速创建文档大纲？

编辑或审阅长文档往往比较困难，使用大纲视图创建文档大纲，整理大纲级别和文档顺序，可以帮助我们更方便地把握文档结构，迅速了解内容梗概。

创建文档大纲的步骤如下。

1 在【视图】选项卡的功能区中单击【大纲】图标，切换到大纲视图。

2 先列出各级标题，选中对应标题后，在【大纲显示】选项卡功能区中，使用【大纲级别】为其设置级别，大纲级别分为 1 ~ 9 级，正文在大纲中为正文文本。

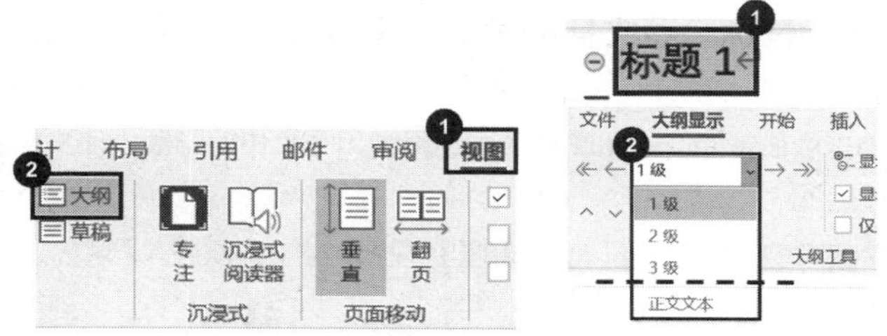

大纲视图下标题左边的“+”号表示有下一级标题（包括子标题和正文），“ - ”号表示不带有下一级标题和正文内容。

一、工作概况
与客户签订合作协议
与客户达成合作意向

3 如需调整大纲级别，可以利用功能区【大纲工具】组中的左右箭头进行升降级，升级的快捷键是【Shift + Tab】，降级的按键是【Tab】。

4 单击【大纲显示】功能区中的上下箭头可以移动文档内容，且该标题的子标题和正文也会随之一起移动。

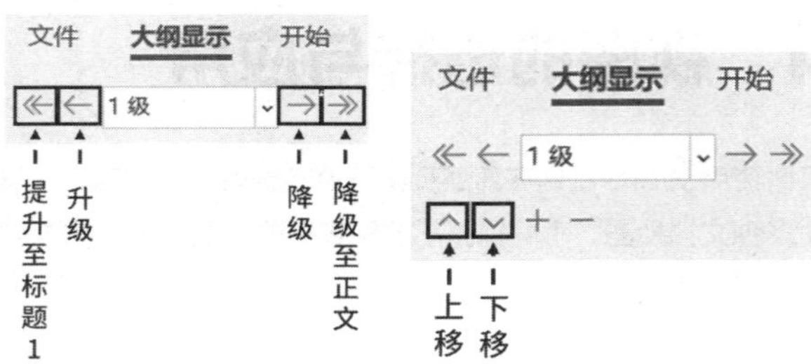

5 文档大纲创建完成后，单击功能区中的【关闭大纲视图】图标，即可回到普通视图模式。

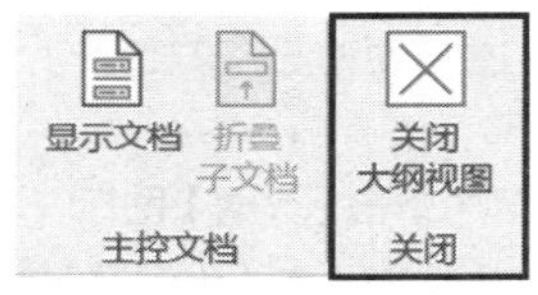

02 如何快速隐藏文档的页眉、页脚和图片？

在文档排版或审阅时，如需将页眉、页脚和图片快速隐藏，使文档更简洁，该怎么操作呢?

想要快速隐藏文档的页眉、页脚和图片只看文字，只需进入【草稿】视图即可。

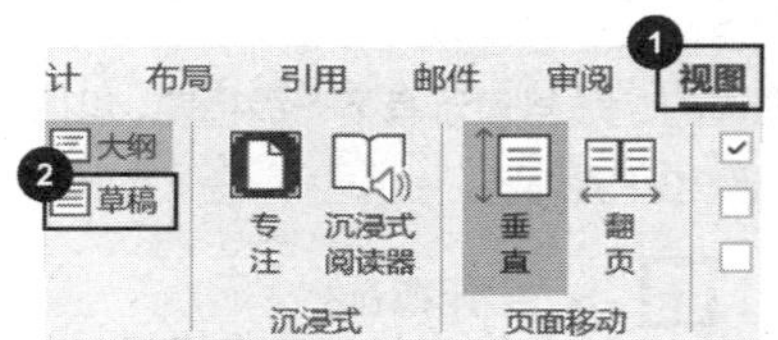

03 如何把 Word 文档拆分成多个小文档？

长文档有时需要按照不同内容拆分成多个小文档，怎么操作呢?

1 打开要拆分的文档，在【视图】选项卡的功能区中单击【大纲】图标，进入大纲视图。

2 选中需要被拆分的标题，设置大纲级别，比如“1 级”。

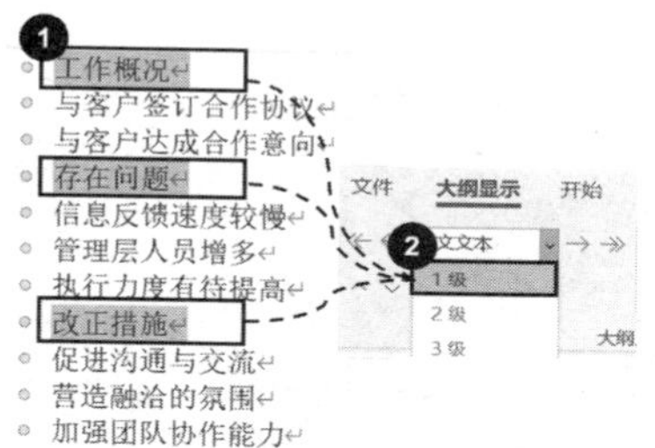

3 单击标题旁的“⊕”号选中需要被拆分的文本，并在【大纲显示】选项卡的功能区中依次选择【显示文档】-【创建】命令。

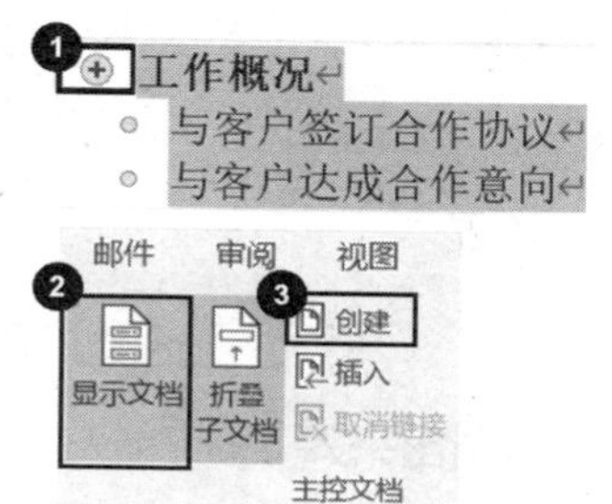

将文档保存后，三部分内容就被拆分成了 3 个小文档，如下图所示。

存在问题

改正措施

工作概况

04 如何在左侧窗口中显示目录？

在前面的章节中，我们已经学习了如何生成目录，那么如何让目录在左侧窗口中显示呢?

只需在【视图】选项卡中勾选【导航窗口】复选项即可。

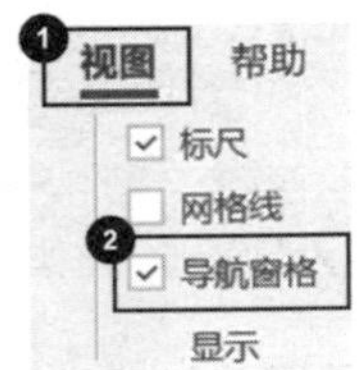

如下图所示，目录在左侧导航栏中显示。

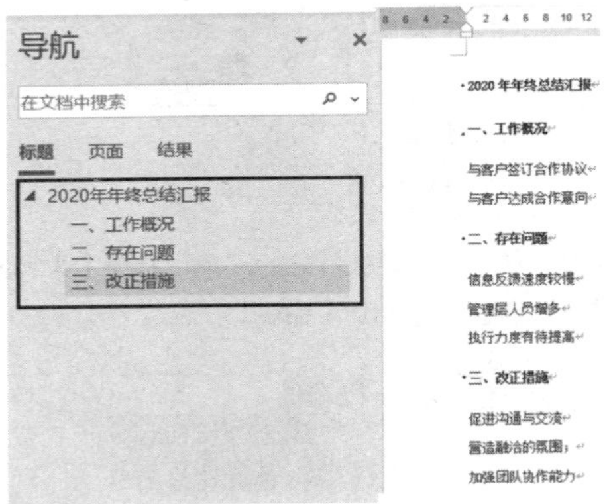

05 如何把文档标尺调出来?

默认的 Word 文档是不显示标尺的，但标尺可以帮助我们快速对文档内容进行排版布局，而不需要去设置各种段落和页面属性，那 Word 标尺是怎么调出来的呢?

在【视图】选项卡中勾选【标尺】复选项即可。

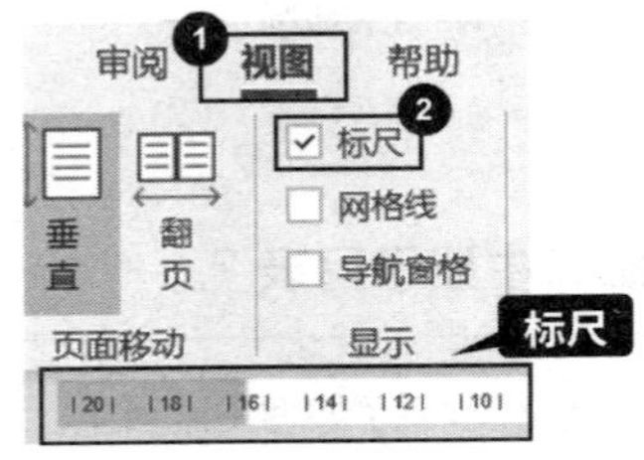

06 如何在不改字号的前提下放大显示整个文档？

当文字较小，但我们又不想改变页面布局时该怎么在不改变字号的前提下放大显示文档呢?

这里主要介绍 3 种方法。

方法 1

如下图所示，单击文档右下角状态栏的“+”号。

方法 2

按住【Ctrl】键，同时向前滚动鼠标滚轮。

方法 3

在【视图】选项卡的功能区中单击【缩放】图标，在弹出的【缩放】对话框中调整【显示比例】。

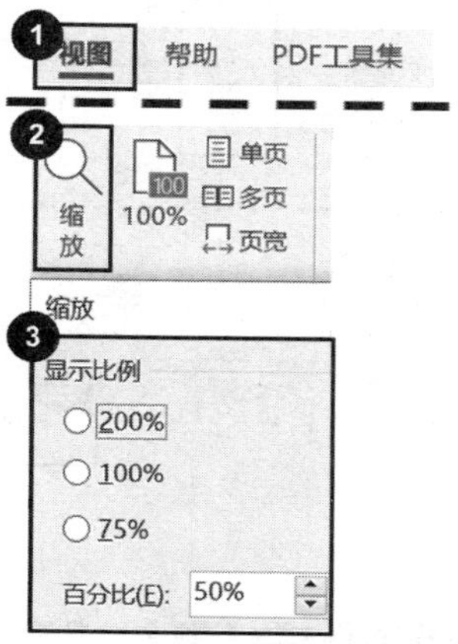

07 如何设置多页同时显示？

在编辑或审阅 Word 文档时，我们可能会需要同时查看多页，那么该如何操作呢?

这里主要介绍两种方法。

方法 1

打开文档，在【视图】选项卡的功能区中单击【多页】图标。

方法 2

在【视图】选项卡的功能区中单击【缩放】图标，在弹出的【显示比例】对话框中勾选【多页】复选项，单击下方的计算机按钮，在下拉列表中选择显示页数和显示方式。

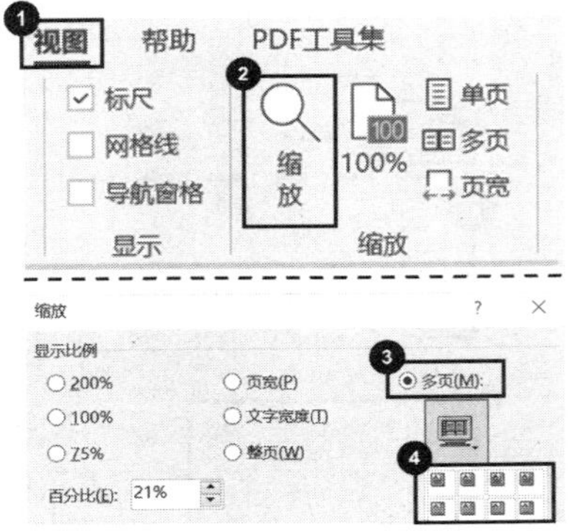

10.2 文档的审阅与限制编辑

你是不是遇到过文档被修改了但完全不知道哪里被修改了的窘境？想不想更好地保护自己的文档？你是不是见过一份合同只能填写特定的区域，想不想也做出这样的文档呢？本节内容就教你实现！

01 如何记录对文档的所有改动?

有时候我们写好的一份文档，需要给他人修改，那我们如何才能让 Word 自动记录下对文档的改动呢?

1 在【审阅】选项卡的功能区中单击【修订】图标，当【修订】图标变成灰色后，代表修订功能已开启。

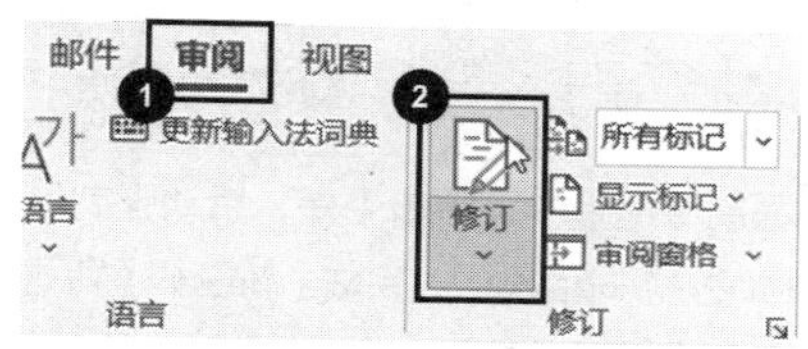

2 在功能区中，将【修订】图标右侧的【所有标记】更改为【无标记】。

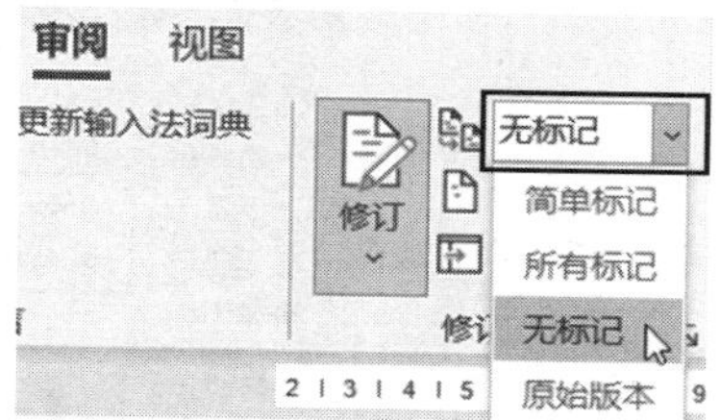

3 当其他人修改完文档后将【无标记】再更改为【所有标记】，即可看到对该文档的所有改动。

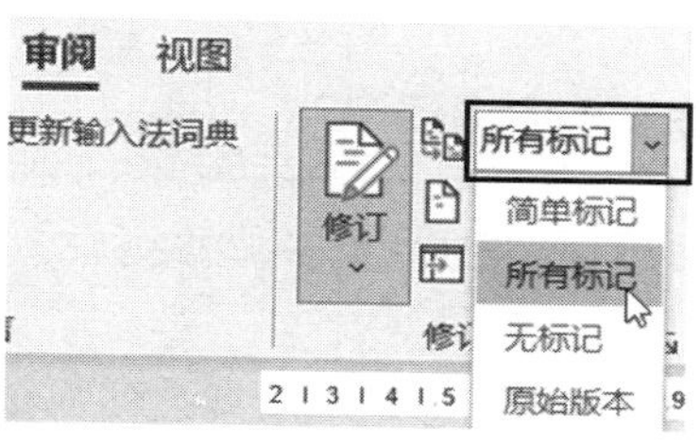

02 如何防止他人修改文档?

当我们做好一份文档，不想让这份文档再被其他人修改，只能看不能编辑，该怎么做呢？

1 在【审阅】选项卡的功能区中单击【限制编辑】图标。

2 在右侧弹出的【限制编辑】窗格中的第 2 步【编辑限制】里，勾选【仅允许在文档中进行此类型的编辑】复选项，并修改为【不允许任何更改（只读）】。

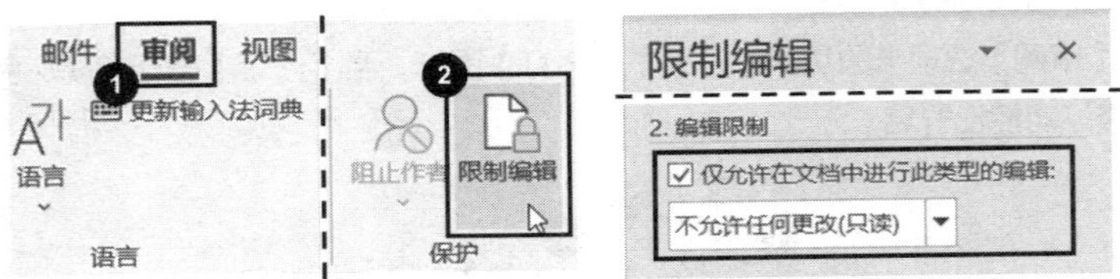

3 在第 3 步的【启动强制保护】中，单击【是，启动强制保护】按钮。

4 在弹出的【启动强制保护】对话框中，完成【新密码（可选）】和【确认新密码】的输入，单击【确定】按钮即可对该文档加密，防止他人修改内容。

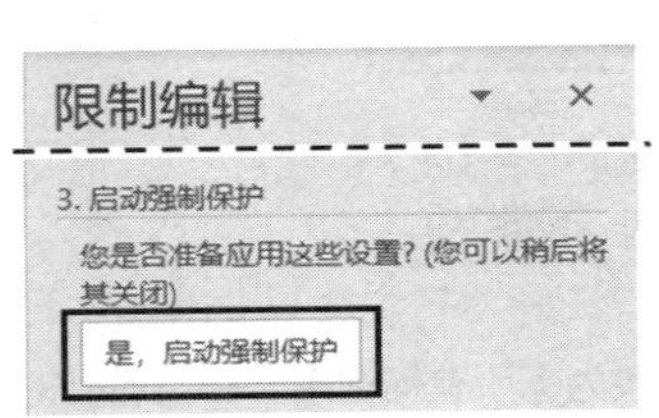

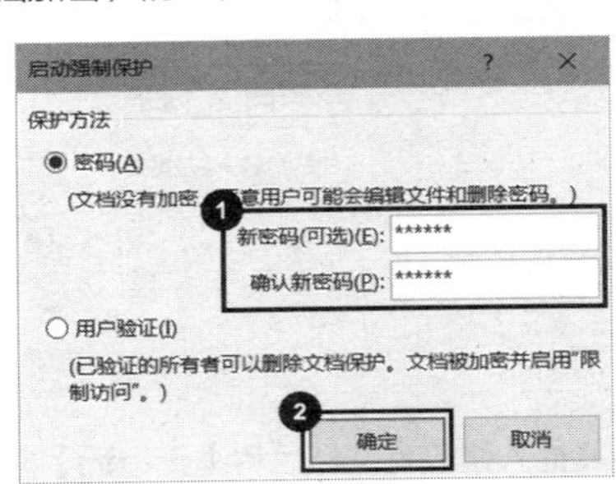

03 如何直接在文档中提建议？

有时候我们需要针对文档某个地方提出一些修改建议，但又不需要直接修改，需要怎么做呢？

1 选中需要提出修改建议的内容，在【审阅】选项卡的功能区中单击【新建批注】图标。

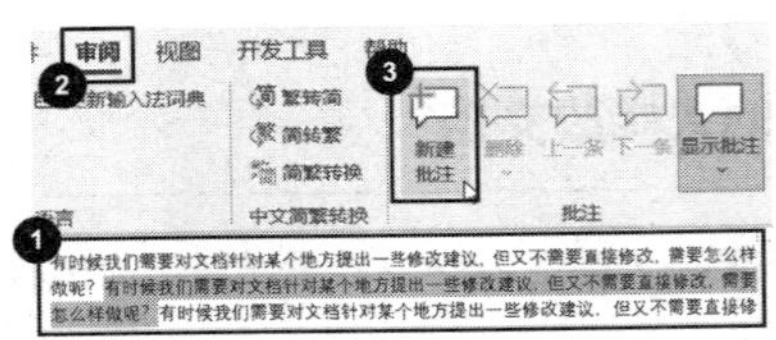

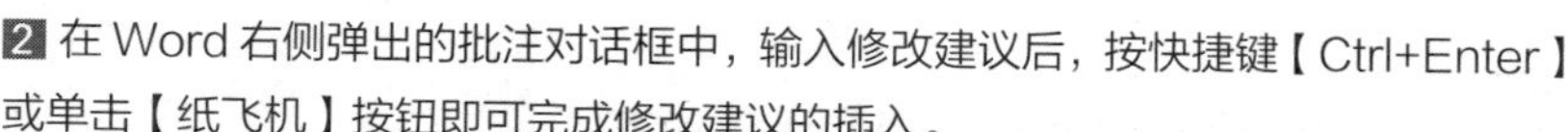

2 在 Word 右侧弹出的批注对话框中，输入修改建议后，按快捷键【Ctrl+Enter】或单击【纸飞机】按钮即可完成修改建议的插入。

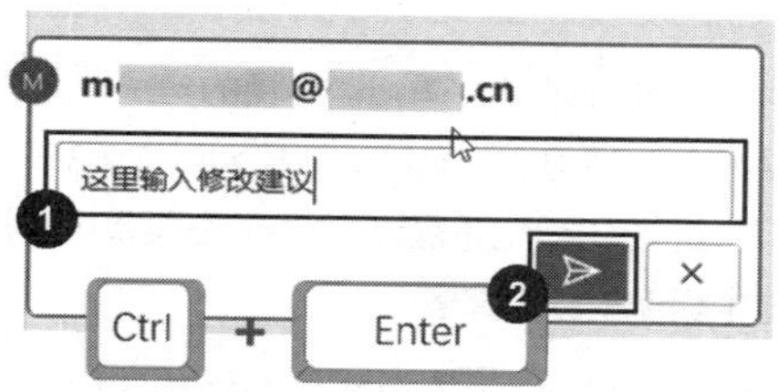

04 如何在 Word 中接受特定审阅者的修订?

有时候一个文档中包含多个审阅者添加的修订标记，如下面的案例中，如何接受特定审阅者的所有修订呢?

1 在【审阅】选项卡的功能区中单击【显示标记】图标，在弹出的菜单中选择【特定人员】命令，在右侧菜单中，取消勾选目标之外的审阅者。

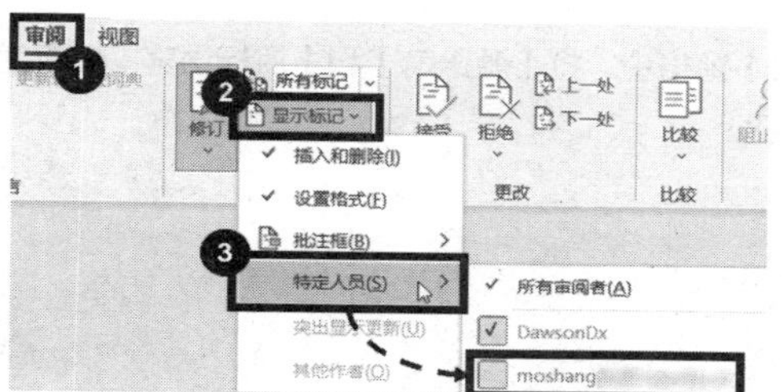

2 当文档仅展示当前所需修订标记后，在【审阅】选项卡的功能区中单击【接受】图标，在弹出的菜单中选择【接受所有显示的修订】命令。

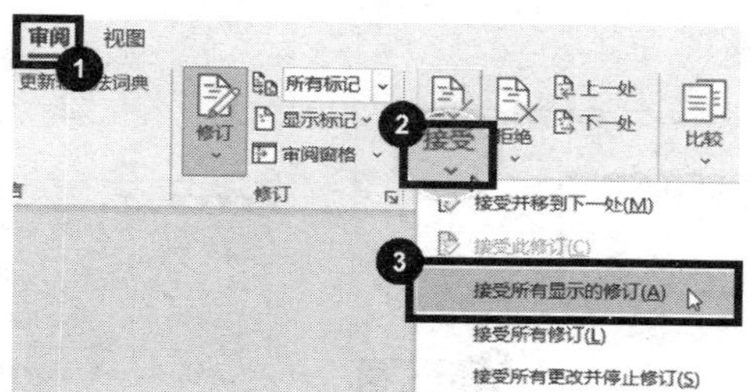

05 如何快速把外文文档翻译成中文?

在阅读英文相关文献时，可能会遇到读不懂的句子，这时就需要用到翻译来帮助我们了，那么 Word 中如何把整篇英文文档翻译成中文呢?

1 在【审阅】选项卡的功能区中单击【翻译】图标，在菜单中选择【翻译文档】命令，此时软件右侧会弹出【翻译工具】窗格。

2 在【翻译工具】窗格中，将【源语言】和【目标语言】修改为所需要的语言，单击【翻译】按钮。

注意:

这里软件会自动识别文档的源语言，而目标语言默认是简体中文，所以此时无须修改。

3 翻译完成后，会自动在单独的 Word 窗口打开已翻译文档。

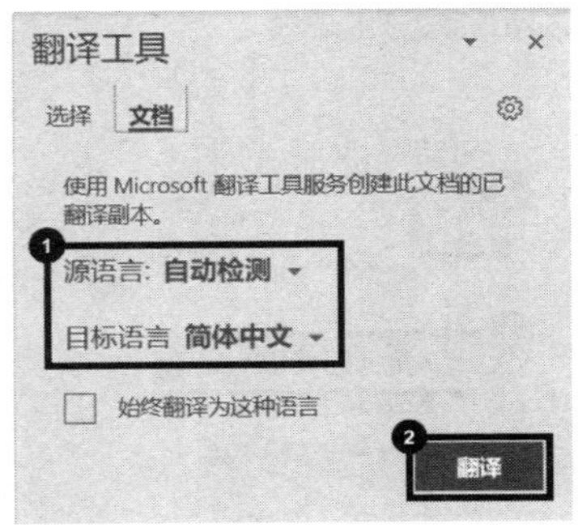

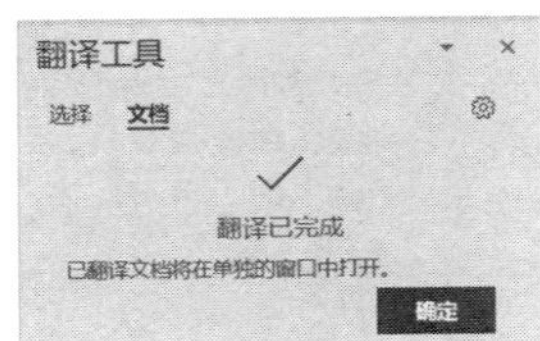

06 如何快速找到两份相似文档里不同的内容?

如果我们没有开启记录对文档的所有改动，那么如何才能比对两个版本文档的差异呢?

1 在【审阅】选项卡的功能区中单击【比较】图标，在弹出的菜单中选择【比较】命令。

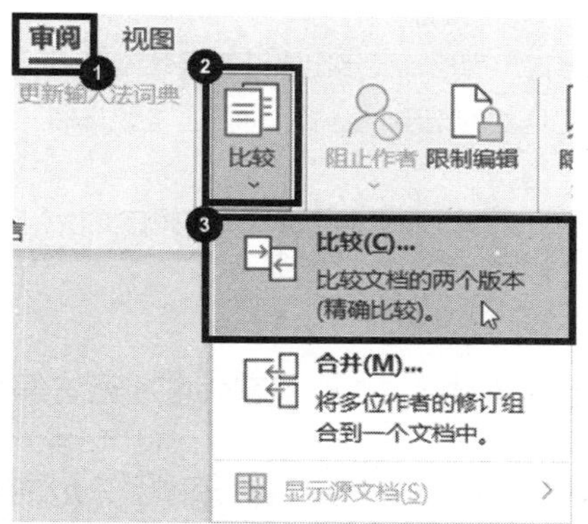

2 在弹出的【比较文档】对话框中，在【原文档】打开旧版本的文档，在【修订的文档】打开修订后的文档。单击【更多】按钮可以看到更详细的比较选项，单击【确定】按钮后软件会自动完成文档比较。

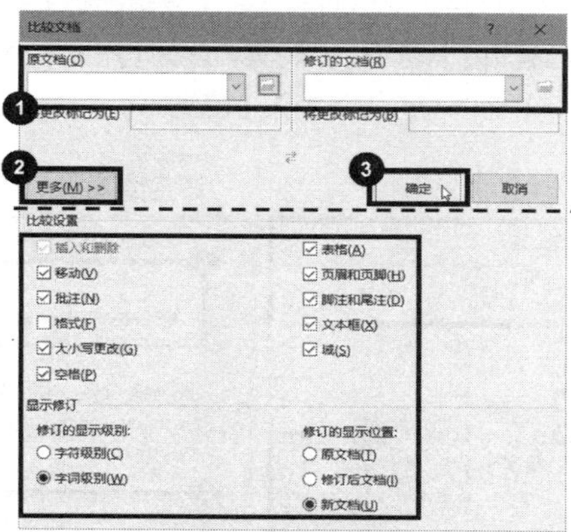

3 在弹出的新文档窗口中即可看到比较的结果，从而快速找到不同的内容。

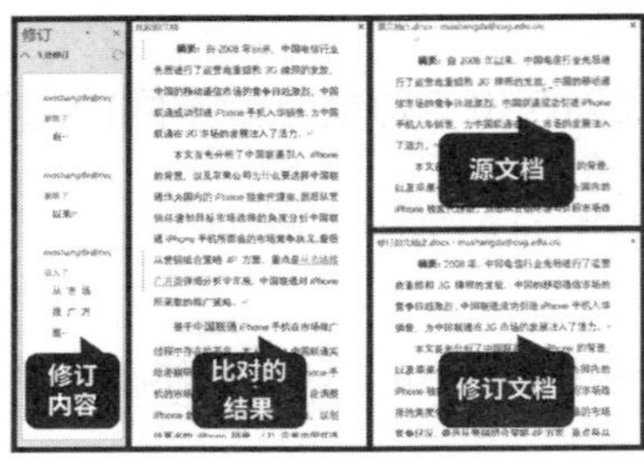

新文档的页面分为 4 个部分。

1. 最左侧是“修订”窗格，显示出修订的所有内容。

2. 中间部分为“比对的结果”窗格，标注了“源文档”和“修订文档”具体在哪处不同。

3. 最右侧上下方分别是“源文档”窗格和“修订文档”窗格，方便对比观察。

07 如何指定区域输入文字，其他地方无法编辑?

很多时候需要对文档内容或排版效果进行保护，只允许其他人编辑其中指定的区域，而其他地方无法编辑，这样的文档局部保护如何实现呢?

1 在 Word 文档中选中可编辑的文本，在【审阅】选项卡的功能区中单击【限制编辑】图标。

2 在右侧弹出的【限制编辑】窗格的第 2 步【编辑限制】中，勾选【仅允许在文档中进行此类型的编辑】复选项，并将其修改为【不允许任何更改(只读)】，在【例外项(可选)】组中勾选【每个人】复选项。

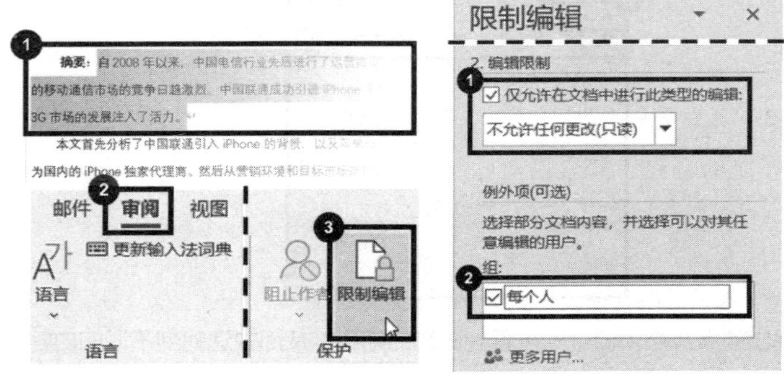

3 在第 3 步的【启动强制保护】中，单击【是，启动强制保护】按钮。

4 在弹出的【启动强制保护】对话框中，完成【新密码（可选）】和【确认新密码】的输入，最后单击【确定】按钮启动保护。

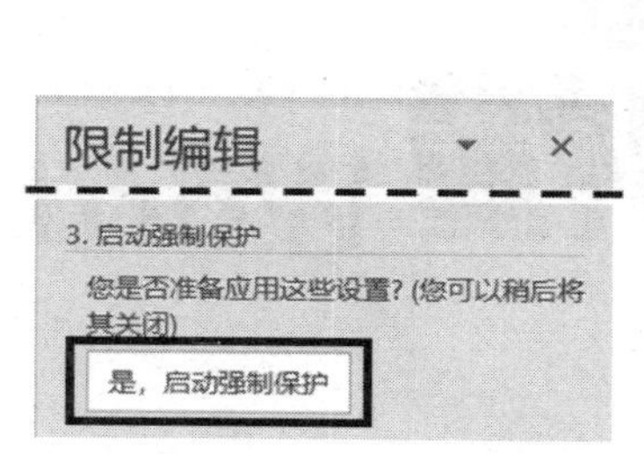

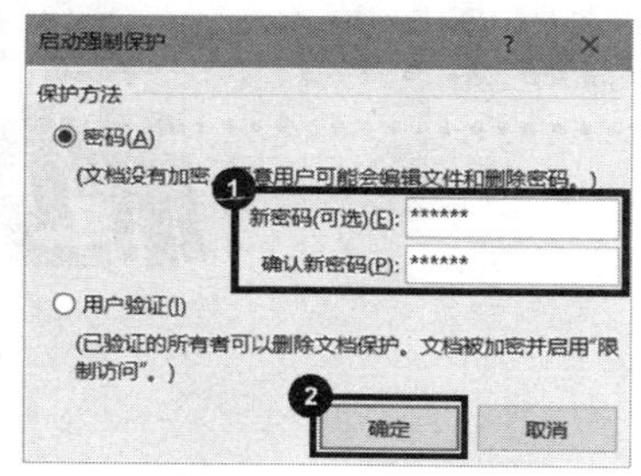

5 此时可以看到，之前选中的可编辑文本底部出现淡黄色底纹，并被“[]”括起来，只有该区域可以编辑，而剩下的区域则为受保护的区域，无法编辑。

6 若在【限制编辑】窗格中取消勾选【突出显示可编辑的区域】复选项，则可取消【可编辑区域】文本的底纹。

摘要：[自 2008 年以来，中国电信行业先后进行了运营商重组和 3G 牌照的发放，中国的移动通信市场的竞争日趋激烈。中国联通成功引进 iPhone 手机入华销售，为中国联通在 3G 市场的发展注入了活力。]

本文首先分析了中国联通引入 iPhone 的背景，以及苹果公司为什么要选择中国联通作为国内的 iPhone 独家代理商。然后从营销环境和目标市场选择的角度分析中国联通 iPhone

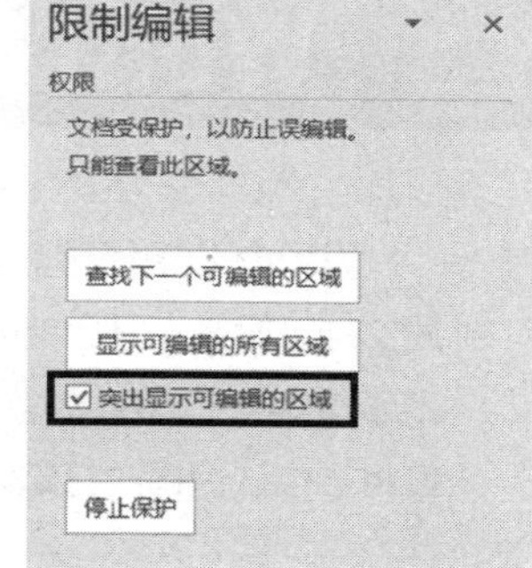

第11章 Word的打印输出

职场办公中经常需要将电子版的Word文档打印成纸质文档，很多人只会单纯地将文档以默认的设置打印出来，不懂得调整打印参数，一遇到特殊的打印需求就发蒙，本章将带你认识修改打印设置，实现各种要求的文档打印。

01 如何正反面打印文档?

一些特殊的文件，如合同、申请书等需要正反面打印，如何在 Word 中实现这种效果呢?

1 打开文档后，依次选择【文件】-【打印】命令。

2 在打印界面单击【单面打印】按钮，在弹出的菜单中选择【双面打印】命令，最后单击【打印】按钮即可。

需要注意的是：双面打印的自动与手动受打印机功能限制，使用前请先确认打印机是否支持。

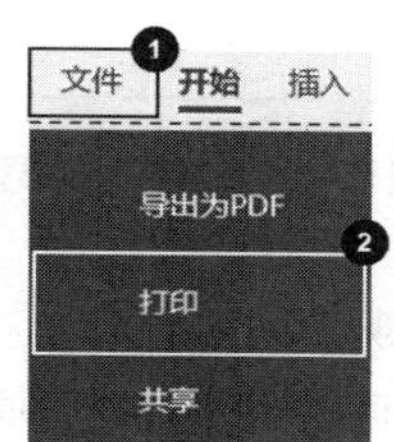

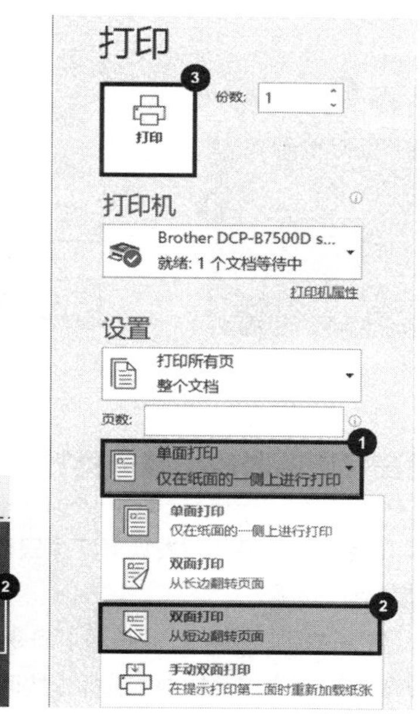

02 如何把多页文档缩放打印到一张 A4 纸上?

有时为了节省纸张，需要把多页文档打印到一张 A4 纸上，如何在 Word 中实现这种效果呢?

1 打开文档后，依次选择【文件】-【打印】命令。

2 在【打印】界面单击【每版打印 1 页】按钮，在菜单中选择【每版打印 *x* 页】命令（*x* 指代数字），单击【打印】按钮即可。

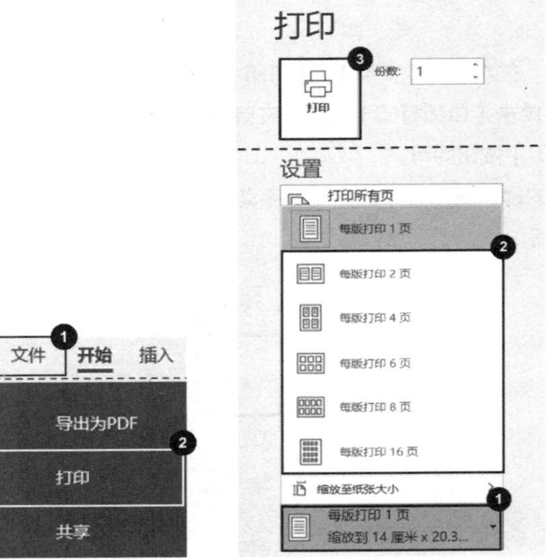

03 如何在打印的时候缩减一页?

用 Word 编辑完文档，打印时发现第二页只有两行文字，如果直接打印太浪费纸张，如何缩减到一页呢?

1 打开文档后，依次选择【文件】-【选项】命令。

2 在弹出的【Word 选项】对话框中，选择【快速访问工具栏】选项。

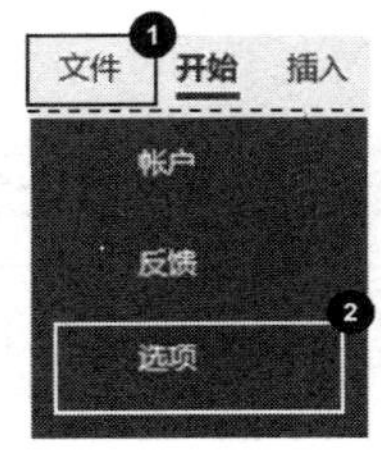

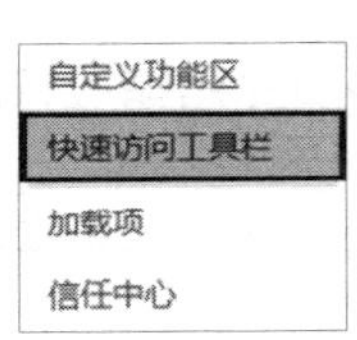

3 将【从下列位置选择命令】修改为【所有命令】，在命令列表中单击选中【打印预览编辑模式】命令，单击【添加】按钮，再单击【确定】按钮将其添加到快速访问工具栏中。

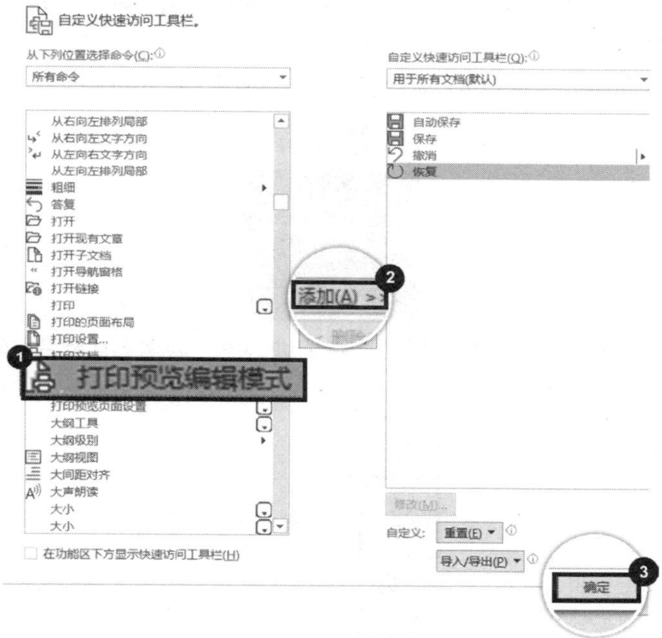

4 在快速访问工具栏中单击【打印预览编辑模式】图标，在【打印预览】选项卡的功能区中单击【缩减一页】图标，此时文档会自动尝试进行缩减。

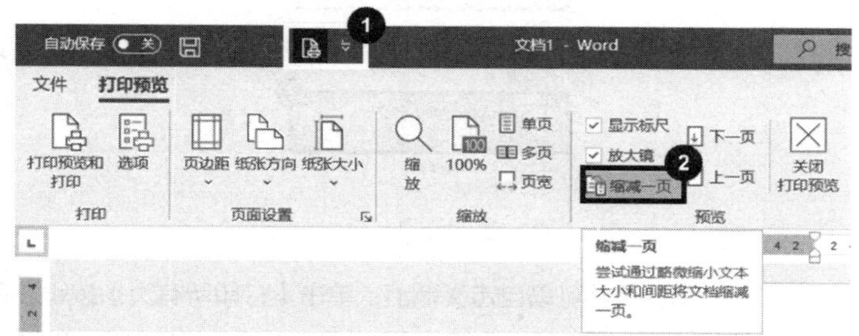

需要注意的是【缩减一页】这个功能并不是万能的，软件会根据文档进行尝试，不一定会成功。

04 如何只打印文档中指定范围的内容？

有时在打印文档时，只需打印文档中指定范围的内容，如何打印出这种指定范围的内容呢？

1 选中需要打印的文本段落，然后依次选择【文件】-【打印】命令。

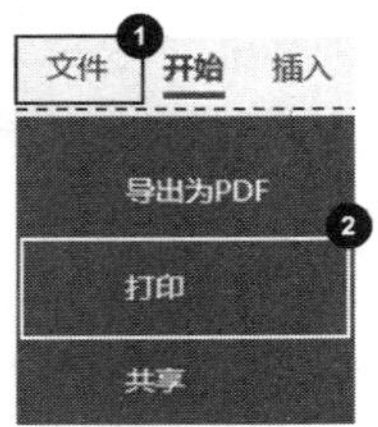

2 在打印界面单击【打印所有页】按钮，在弹出的菜单中选择【打印选定区域】命令，单击【打印】按钮即可。

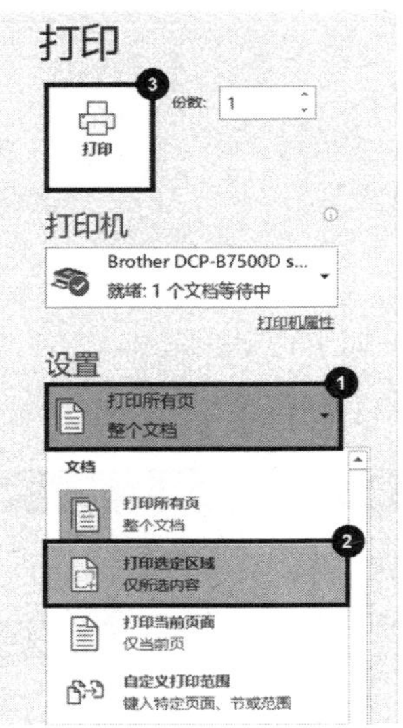

3 若要打印某一范围的页面可以自定义范围，单击【打印所有页】按钮，在弹出的菜单中选择【自定义打印范围】，在【页数】栏中输入对应的打印范围，如“1-8,15”就是打印第 1 ~ 8 页和第 15 页，“p1s1-p3s4”就是打印第 1 节第 1 页到第 4 节第 3 页。

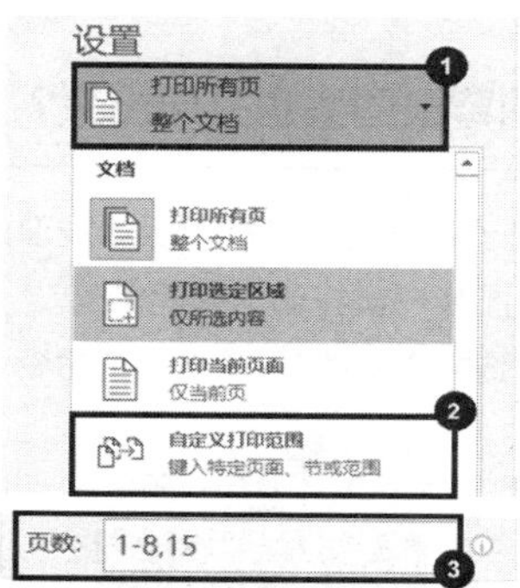

05 如何让文档单页打印多份后，再打印后续的页面?

打印一些特殊的文档，想让第 1 页先打印 5 份，再依次将后续每一页都打印 5 份，如何达到这种效果?

1 打开文档后，依次选择【文件】-【打印】命令。

2 在打印界面单击【对照】按钮，在弹出的菜单中选择【非对照】命令，设置完【份数】后，单击【打印】按钮即可。

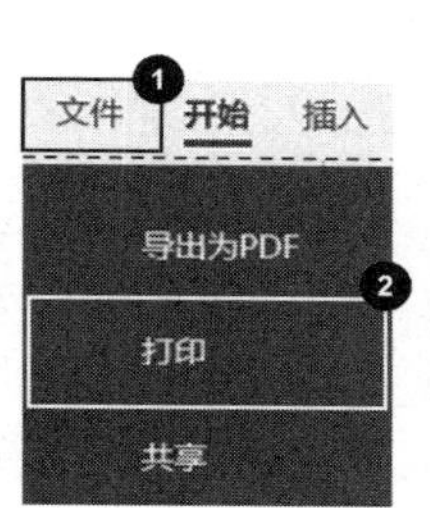

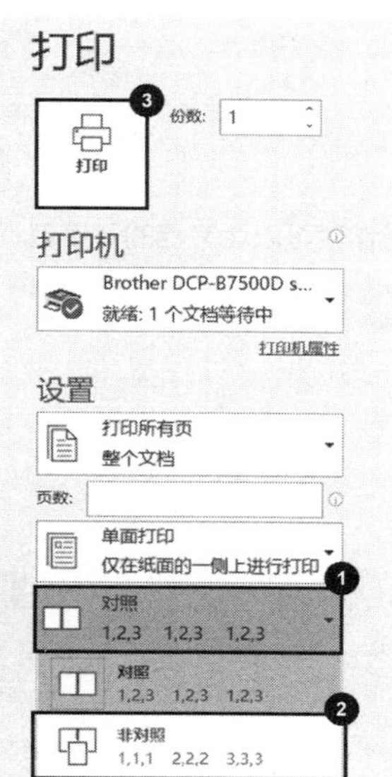

06 如何把文档的背景图案也打印出来?

有时 Word 文档添加了背景图片，打印后却发现添加的背景图片并没有打印出来，如何做到把背景图片一起打印出来呢?

1 打开 Word 软件，依次选择【文件】-【选项】命令。

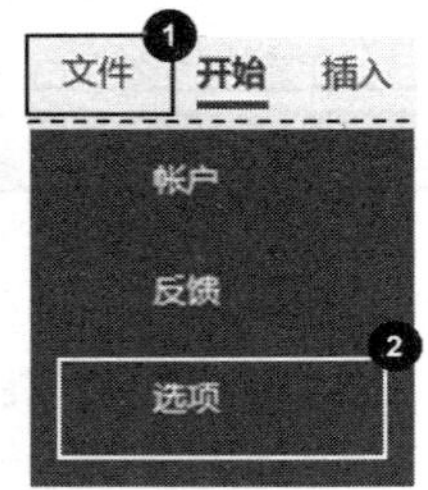

2 在【Word 选项】对话框中，选择【显示】命令，然后在右侧的【打印选项】组中勾选【打印背景色和图像】复选项，单击【确定】按钮。

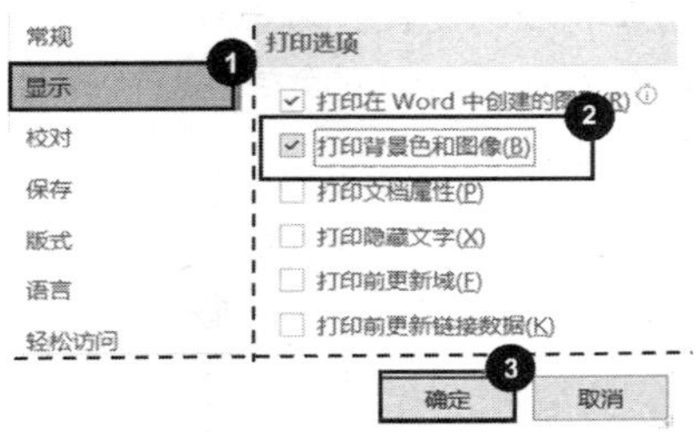

通过以上操作就可以让文档的背景色、背景图打印出来了。

和秋叶一起学

秒懂 Word

第 12 章
Word 高效办公技巧

利用 Word 软件不仅可以完成各种文档的排版，我们还可以借助它自身的功能来批量化完成之前需要花费很多时间手工完成的工作。另外，Word 作为 Microsoft Office 办公套件中的一员，当它和其他 Office 软件互相配合起来，将会化身为生产力工具。学好本章，高效工作早下班指日可待！

12.1 Word 中的批量操作

Word 作为专业处理文本的软件，本节将会着重介绍利用查找替换功能实现批量清除内容、调整格式及借助 Word 特性完成批量合并提取的功能。

01 如何把多个文档不用复制、粘贴快速合并成一个?

我们在制作大型文档的时候，往往需要进行分工合作，但在最后合并多个文档的时候，如何才能不用复制、粘贴一键完成合并文档呢?

1 在【插入】选项卡的功能区中单击【对象】图标，在弹出的菜单中选择【文件中的文字】命令。

2 在弹出的【插入文件】对话框中找到并按住【Ctrl】键选择所有需要合并的文档，单击右下角的【插入】按钮。

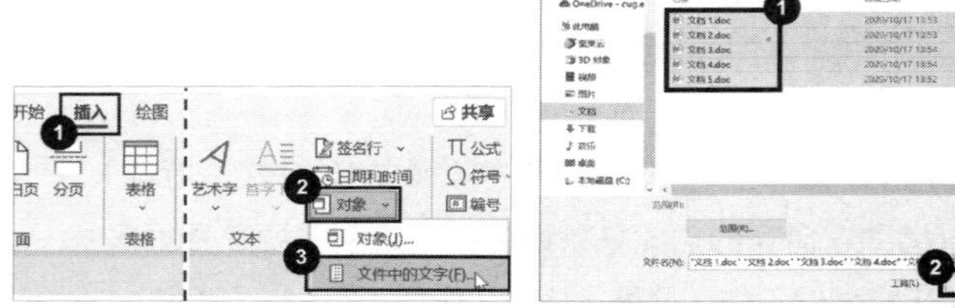

3 若在步骤2中，单击【插入】按钮右侧的下拉三角按钮，在菜单中选择【插入为链接】命令，则可以以链接的形式批量插入文档，当插入文档的源文档发生修改并保存后，合并的总文档也会随之自动更新。

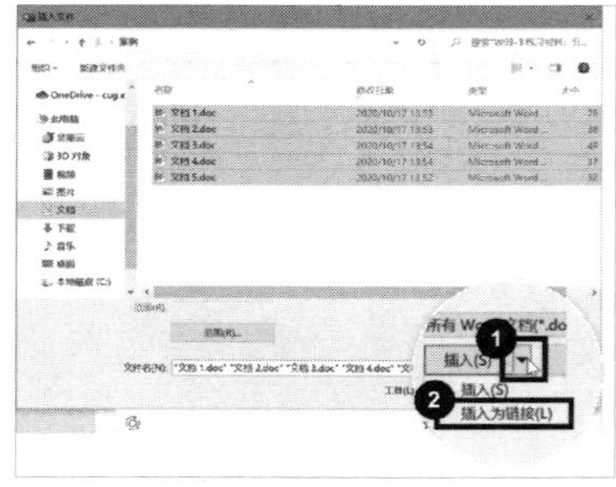

02 如何批量去除文档中多余的空白和空行?

从网页或 PDF 中复制文字时，经常会出现一些莫名其妙的空白和空行，如果一个个地去删除，太浪费时间了，那么如何批量去除这些空白和空行呢?

1 使用快捷键【 Ctrl+H 】，打开【 查找和替换 】对话框。

2 在【 查找内容 】输入框中按【 Space（ 空格 ）】键输入一个空格，在【 替换为 】输入框中不输入任何内容，单击【 全部替换 】按钮即可批量删除空白区域。

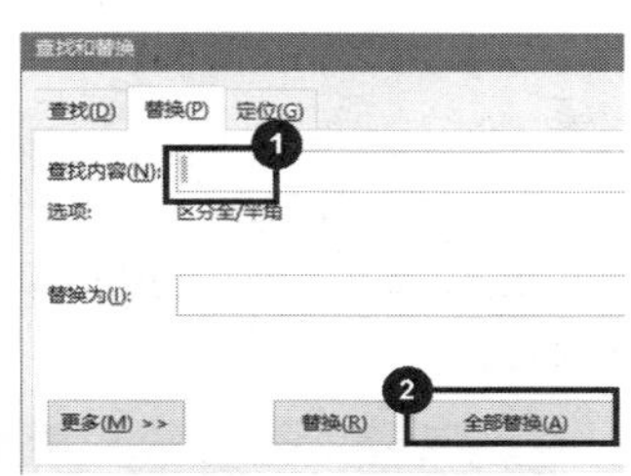

3 在【 查找内容 】输入框中输入“^l”(手动换行符)，在【 替换为 】输入框中输入“^p”(段落标记)，单击【 全部替换 】按钮即可将所有换行符修改为段落标记。

4 在【 查找内容 】输入框中输入“^p^p”，在【 替换为 】输入框中输入“^p”，单击【 全部替换 】按钮多次，直到替换结果显示为 0 处。

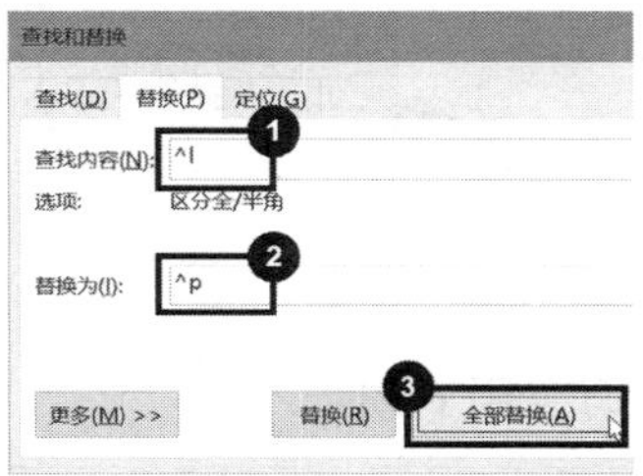

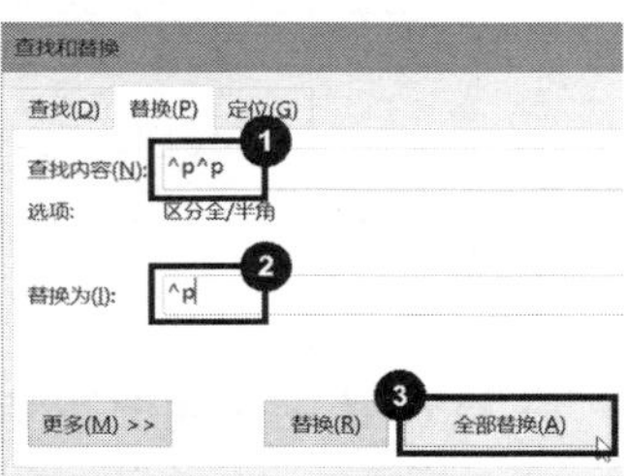

通过以上步骤**3**和步骤**4**两步，即可批量删除空行。

03 如何给文档中的手机号打码?

为了避免信息泄露，需要对大批量的手机号打码处理，将中间 4 位数变为“*”号，如何批量完成呢?

1 打开文档，使用快捷键【Ctrl+H】，打开【查找和替换】对话框。

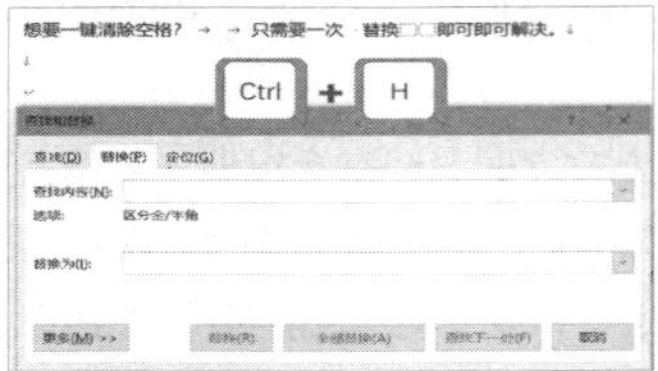

2 在【查找内容】输入框中输入“([0-9]{3})([0-9]{4})([0-9]{4})”，在【替换为】输入框中输入“\1****\3”。

其中“()”代表将查找内容分组，“[0-9]”代表查找数字，“{数字}”代表搜索的数字的字符数，“\1”“\3”分别代表在替换为的结果中引用查找内容中的第1组内容和第3组内容。

3 单击【更多】按钮，在下方搜索选项中勾选【使用通配符】复选项，然后单击【全部替换】按钮。

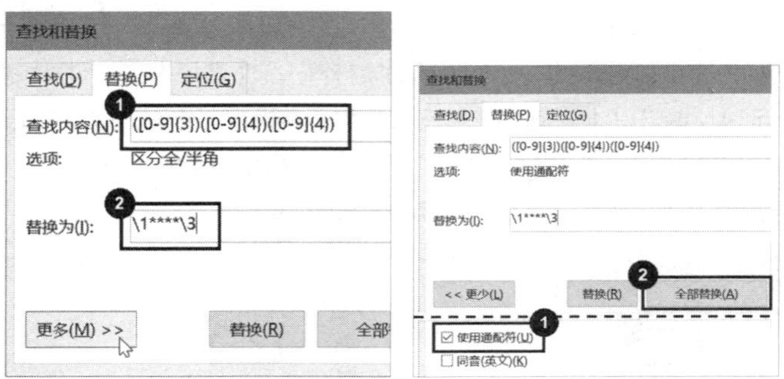

04 在 Word 中如何批量制作填空题下划线?

做试卷的时候如何快速将答案转变为填空题的下划线呢？一直使用空格加下划线可太麻烦了，其实直接利用替换功能就可以批量实现。

注意：

开始操作前，先确保已将正确答案的文字颜色修改为红色。

1 按快捷键【Ctrl+H】打开【查找和替换】对话框，单击【更多】按钮打开完整的对话框。

2 将光标定位到【查找内容】输入框中，单击【格式】按钮，在菜单中选择【字体】命令。

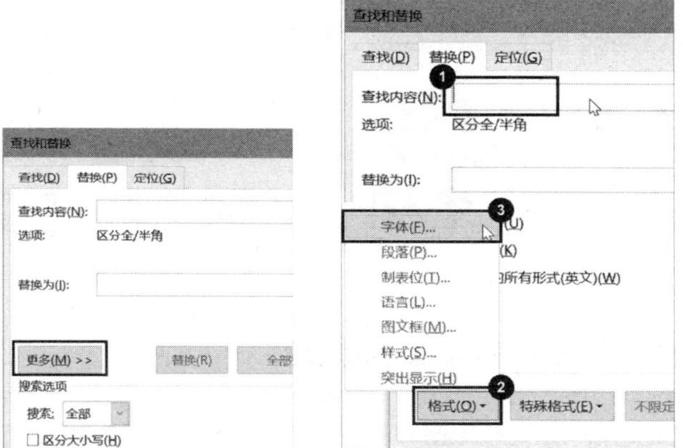

3 在【查找字体】对话框中，将【字体颜色】设置为【红色】，单击【确定】按钮完成格式设置。

4 将光标定位到【替换为】输入框中，单击【格式】按钮，在菜单中选择【字体】命令。

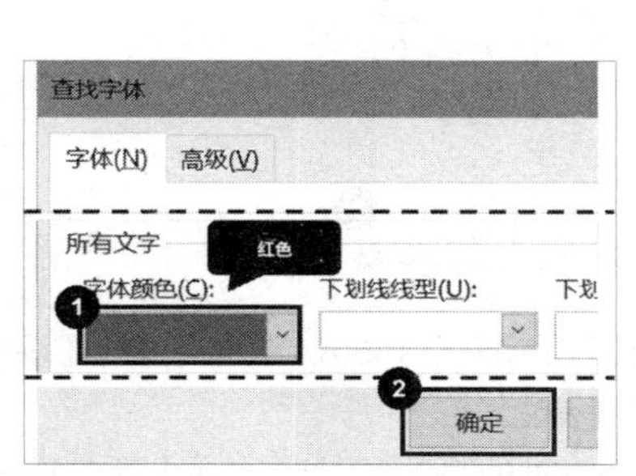

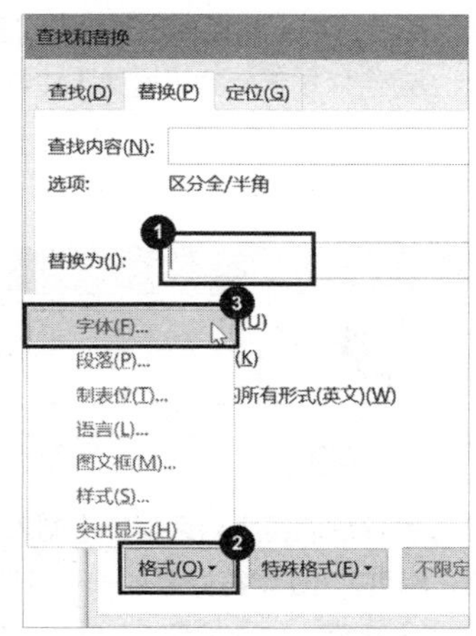

5 在【替换字体】对话框中，将【字体颜色】设置为【白色】（和纸张背景色一致的颜色），【下划线类型】设置为【单划线】，【下划线颜色】设置为【黑色】，

单击【确定】按钮完成格式设置。

6 单击【全部替换】按钮，即可批量完成填空题下划线的制作。

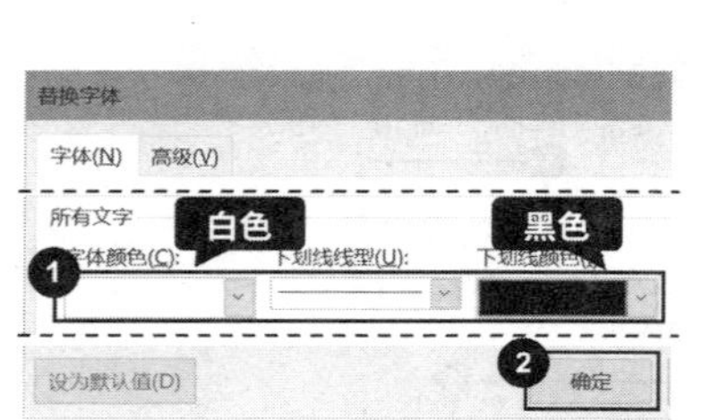

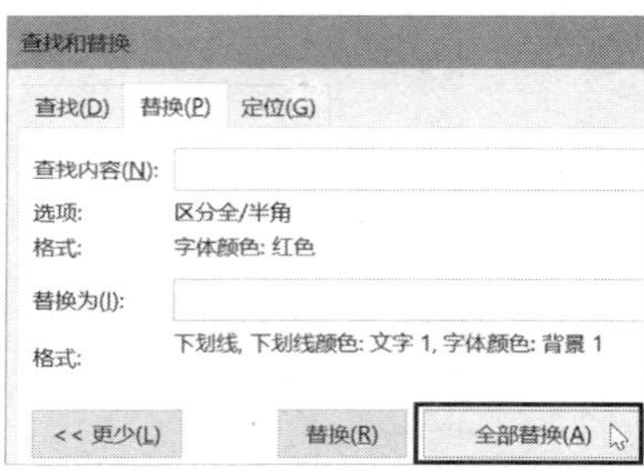

05 如何批量对齐选择题的选项？

做试卷的时候一定离不开选择题选项对齐的问题，如果你还在一个个按空格对齐，一定会觉得非常麻烦吧。其实有一个很简单的方法，可以实现批量对齐选择题选项。

1. 批量给选项行添加制表位

1 按【Ctrl+H】快捷键，打开【查找和替换】对话框，在【查找内容】输入框中输入“A.”。单击对话框左下角的【更多】按钮，展开更多选项。

2 单击对话框左下角的【格式】按钮，在菜单中选择【制表位】命令。

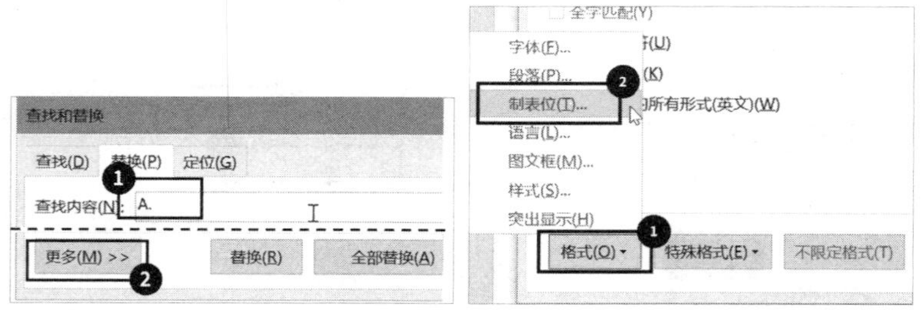

3 在【替换制表符】对话框的【制表位位置】输入框中输入“10”，单击【设置】按钮，即可在 10 字符处添加一个默认的制表位。

4 重复步骤3，依次设置 20 字符、30 字符处的制表位，然后单击【确定】按钮完成制表位设置。

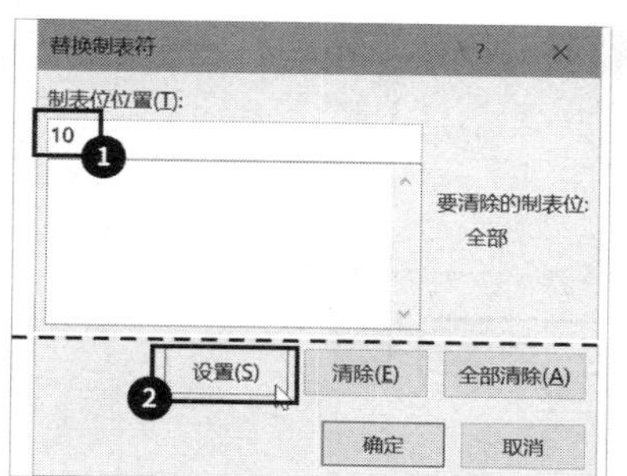

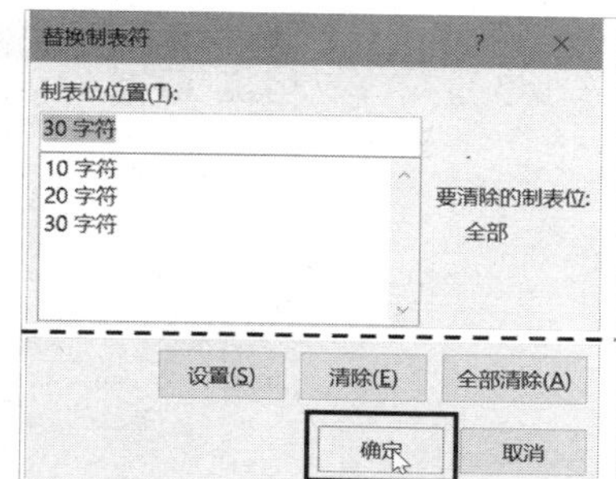

5 在【查找和替换】对话框中直接单击【全部替换】按钮。

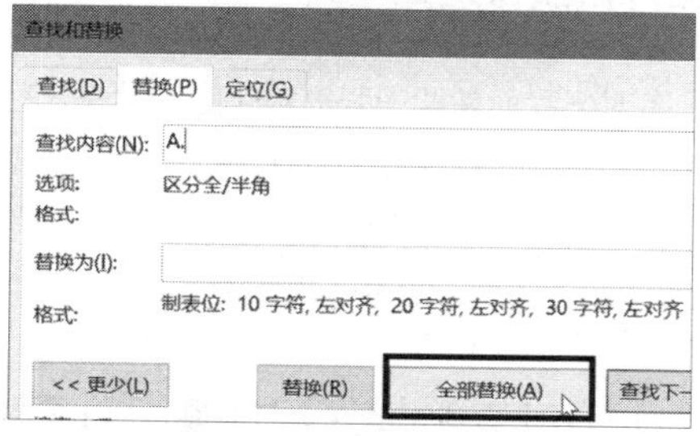

此时文档中所有选项行均被添加上制表位。

2. 批量给 B–D 选项前添加制表符

1 在【查找和替换】对话框中将【查找内容】输入框内容改为“[B–D].”，并在【替换为】输入框中输入“^t^&”，其中“^t”代表制表符，“^&”代表查找内容。

2 在对话框中间的【搜索选项】组中勾选【使用通配符】复选项。

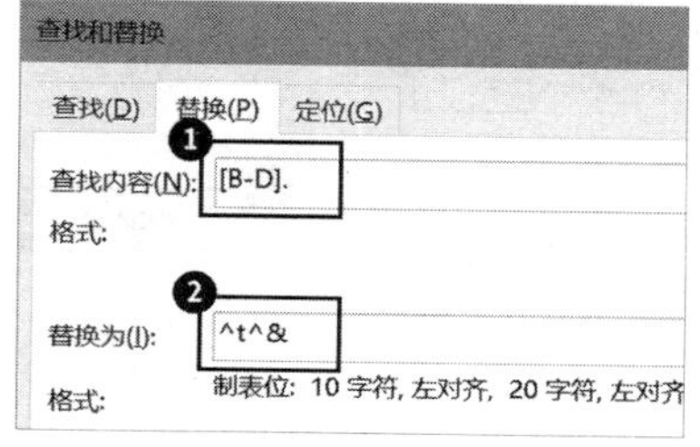

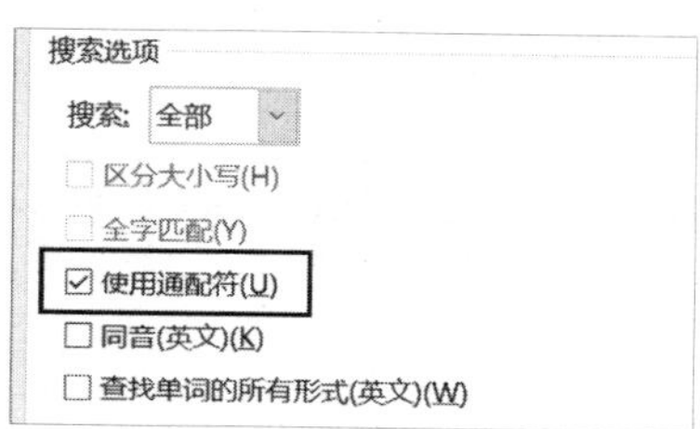

3 最后单击【全部替换】按钮，即可让每一个 B、C、D 选项自动对齐到 10 字符、20 字符、30 字符位置。

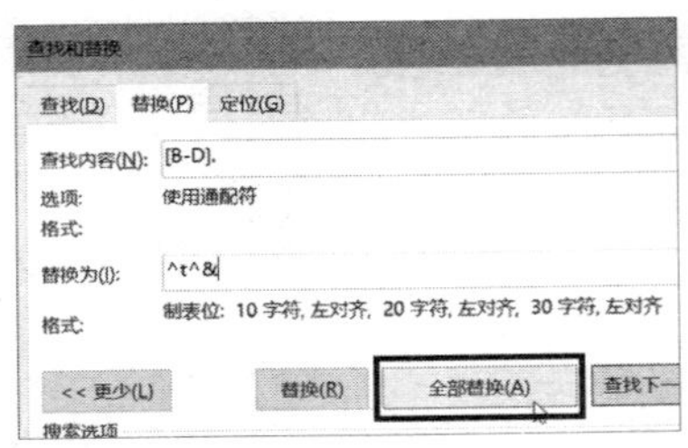

06 如何用图片替换特定文本?

在制作文档时，有时候我们需要一张形象化的图片来代替替某些文本，比如我们想用秋叶 Logo 替代“秋叶”两个字，如果一个个地去删除文本再插入 Logo 太麻烦了，如何批量用 Logo 来替换特定的文本“秋叶”二字呢?

1 打开文档，将秋叶 Logo 粘贴到文档中，调整为合适的大小，按快捷键【Ctrl+X】进行剪切。

2 按快捷键【Ctrl+H】打开【查找和替换】对话框，在【查找内容】框中输入想要替换的特定文本“秋叶”，在【替换为】输入框中输入“^c”（剪贴板内容），单击【全部替换】按钮即可将所有“秋叶”替换为 Logo。

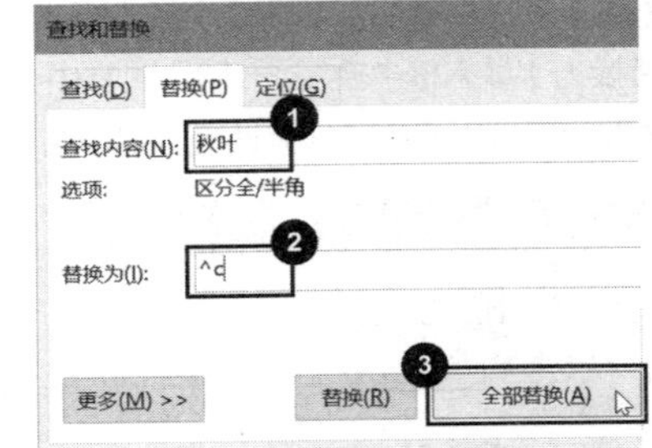

07 使用 Word 批量创建文件夹

在日常办公中，我们时常需要整理或保存归类很多文件，需要创建很多个文件夹并一个个命名，效率会很低，那如何实现批量创建文件夹呢?

1 在 Word 中空出首行，从第二行开始输入所有要创建的文件夹名称，并用【Enter】键分段隔开。

2 按快捷键【Ctrl+H】，打开【查找和替换】对话框，在【查找内容】输入框中输入“^p”，【替换为】输入框中输入“^pmd ”，单击【全部替换】按钮。

注：^pmd 后面必须有一个空格。

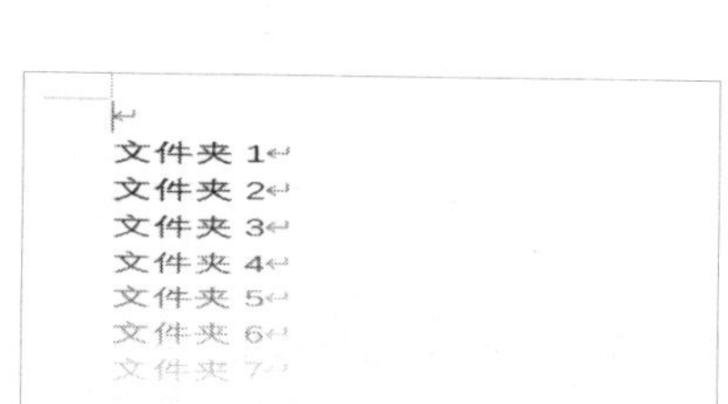

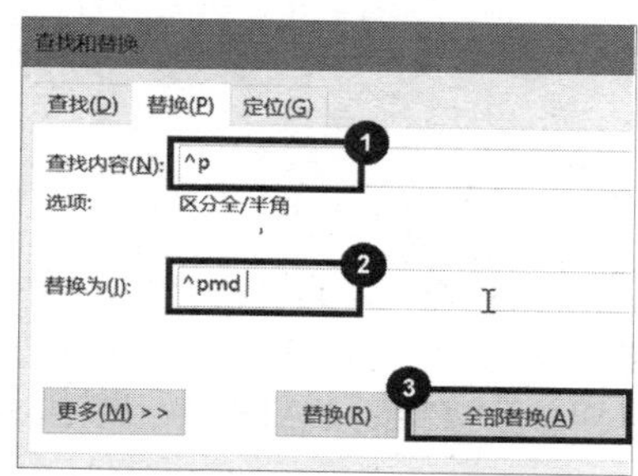

3 删除末尾行多余的“md”文本内容，按【F12】键打开（另存为）对话框。

4 将【保存类型】更改为【纯文本（*.txt）】类型，选择需要新建文件夹的目标位置作为保存路径，单击【保存】按钮。

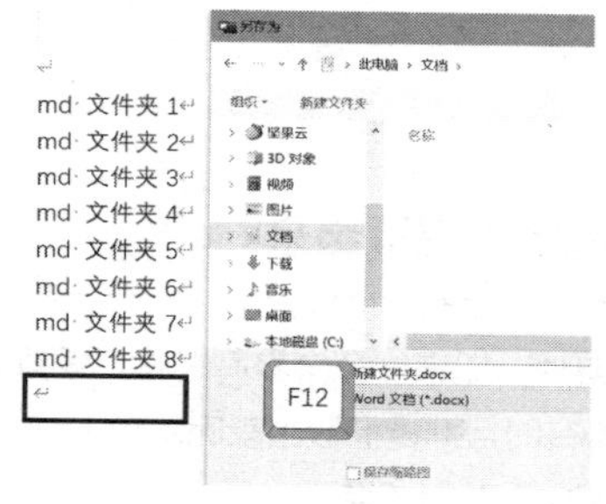

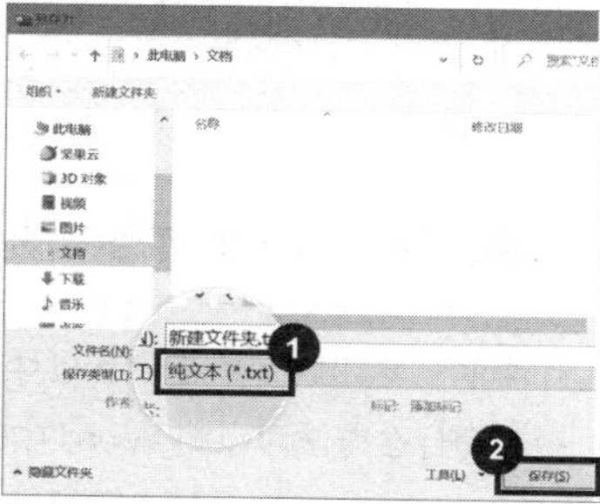

5 在弹出的【文件转换 ...】对话框中单击【确定】按钮。

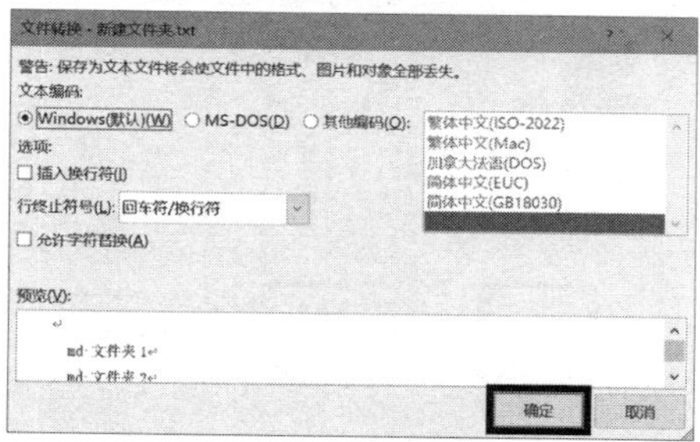

6 关闭该文件，然后在计算机中找到并选中刚保存的 TXT 纯文本文件，右键单击，在菜单中选择【重命名】命令。

7 将“.txt”后缀手动更改为“.bat”，按【Enter】键确定。

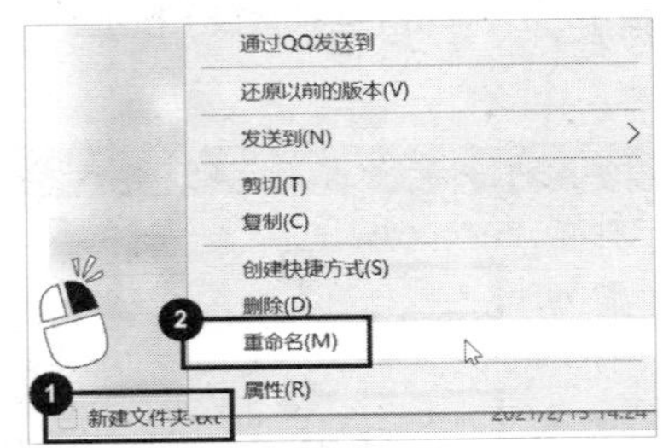

8 在弹出的【重命名】对话框中单击【是】按钮。

9 双击重命名后的 BAT 文件，就可以按照指定文件夹名称批量新建文件夹了。

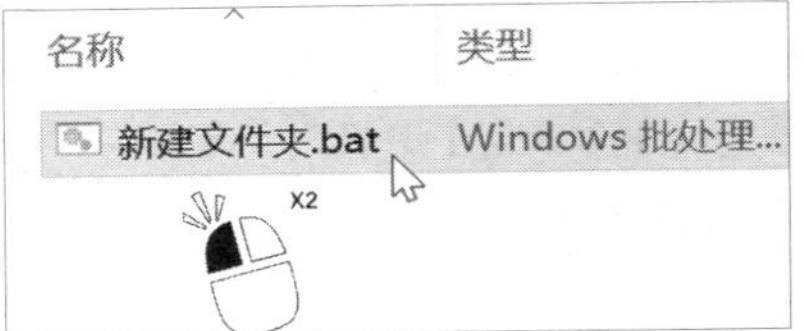

08 如何将 Word 文档中的所有图片提取出来?

工作中时常会用到大量在 Word 中的图片，如果一个个复制图片，像素低又麻烦，有没有什么办法可以将 Word 中的所有图片批量提取出来呢?

1 打开 Word 文档，按【F12】键打开【另存为】对话框。

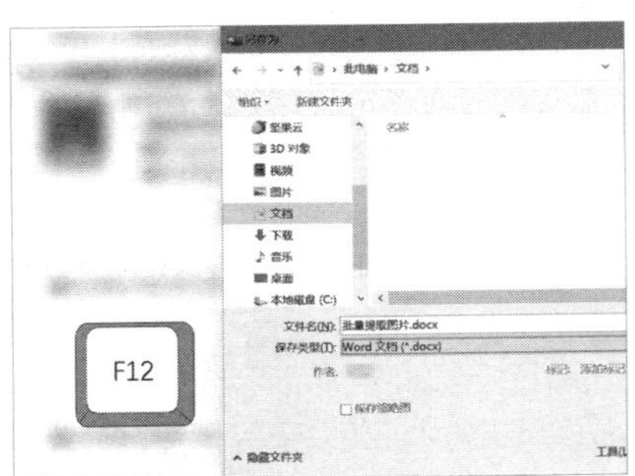

2 将【保存类型】更改为【网页（*htm;*html）】类型，单击【保存】按钮。

3 此时在保存路径里，我们可以找到一个保存的文件夹，双击打开就可以看到 Word 中的所有图片了。

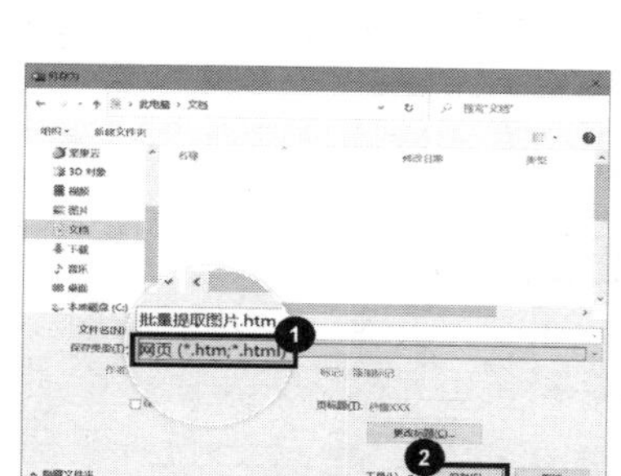

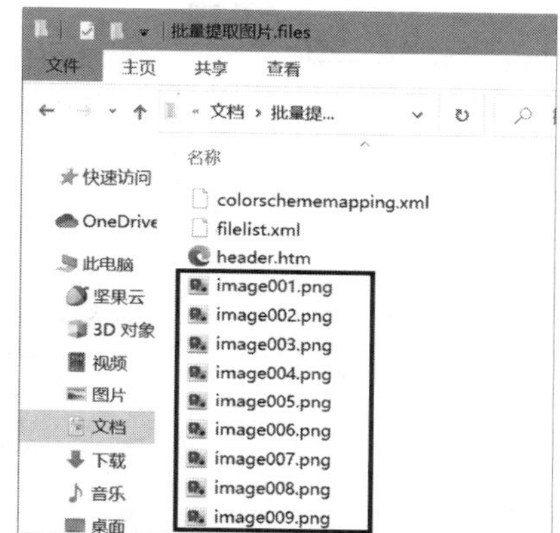

12.2 Office 软件间的协作

Office 办公软件三剑客各司其职，每一个软件单独拿出来都能在办公领域呼风唤雨，其中，Word 专门负责处理文档排版，Excel 专门负责处理表格数据，PowerPoint 专门负责幻灯片的制作与演示。但是当它们两两搭配来使用的时候，还能爆发出更强的战斗力。本节我们就来好好学习一下 Word 与 PowerPoint、Excel 的协作！

01 如何把文档转换成 PPT？

做 PPT 的时候是不是总需要将 Word 中的文字一点一点地粘贴到 PPT 中再进行调整格式和排版，其实有高效的方法，一键就可以将 Word 转换为 PPT。

1 将 Word 文档应用好各级标题的样式。

2 在 Word 软件中依次选择【文件】-【选项】命令。

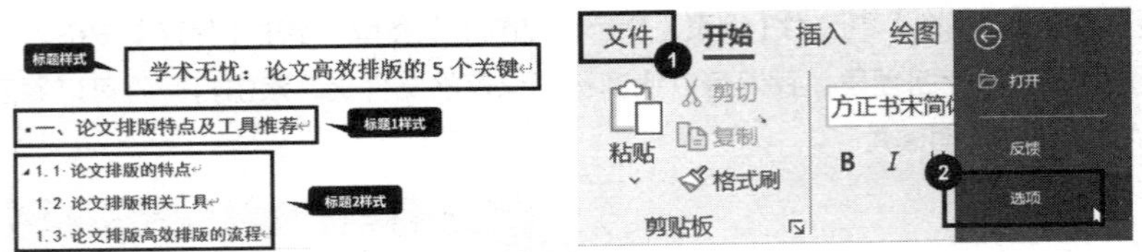

3 在弹出的【Word 选项】对话框中选择【快速访问工具栏】命令，并将【从以下位置选择命令】的【常见命令】改为【不在功能区的命令】。

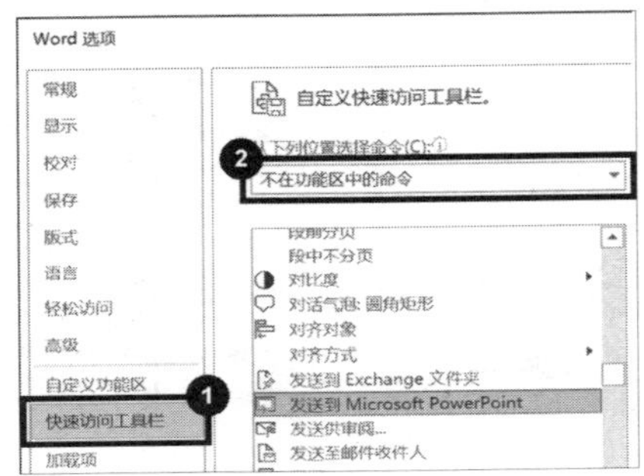

4 在下方的命令列表中选中【发送到 Microsoft PowerPoint】，单击【添加】按钮将其添加到右侧，单击【确定】按钮完成添加操作。

5 单击 Word 快速访问工具栏中的【发送到 Microsoft PowerPoint】图标，Word 里的内容就可以直接转换为 PPT 文档了。

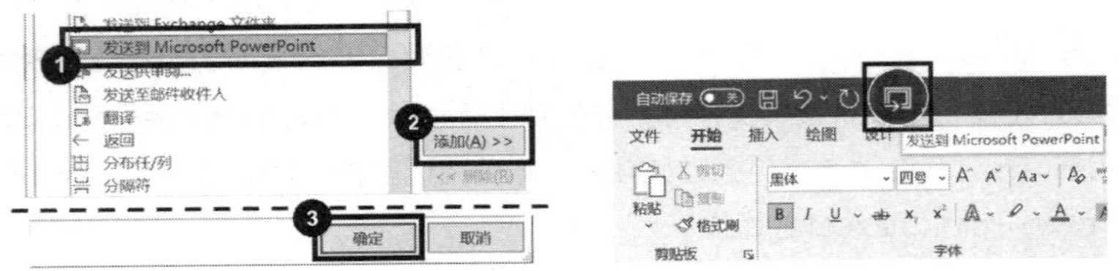

02 如何把 PPT 中的文字提取到 Word 中？

既然 Word 可以一键转换成 PPT，那么反过来，可以将 PPT 中的文字提取到 Word 中吗？答案是肯定的，不过前提是按照上一技巧将 Word 转换为 PPT。

1 打开转换好的 PPT 文件，按快捷键【F12】或【Ctrl+Shift+S】打开【另存为】对话框。

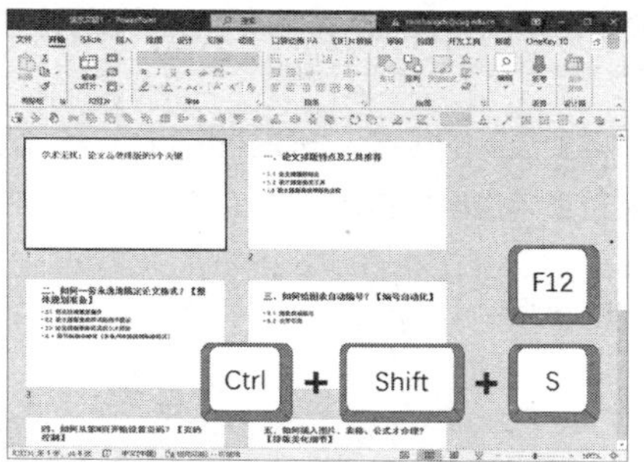

2 在弹出的【另存为】对话框中修改【保存类型】为【大纲 /RTF 文件（*.rtf）】，单击【保存】按钮。

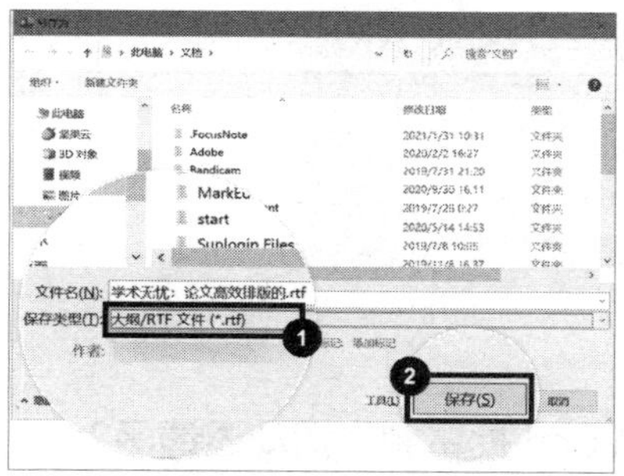

3 用 Word 软件打开上述保存的 RTF 文件，即可将 PPT 中的文字提取到 Word 中。

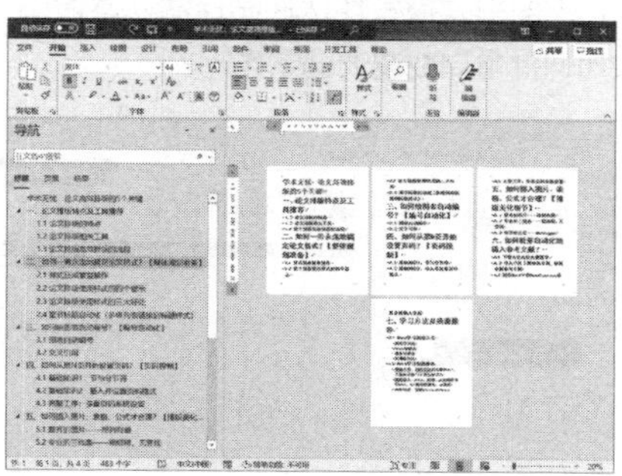

03 如何让 Word 和 Excel 表格中的数据同步更新?

我们在做好一份 Excel 表格，粘贴到 Word 中后，一旦 Excel 里数据发生改变，往往需要重新复制再粘贴，有没有办法能在 Excel 数据改变后，Word 中的表格也能同步更新呢?

1 选择 Excel 表格中需要复制的区域，按快捷键【Ctrl+C】复制。

2 在 Word 中的目标位置单击鼠标右键，在弹出的菜单中选择【链接与保留源格式】命令。

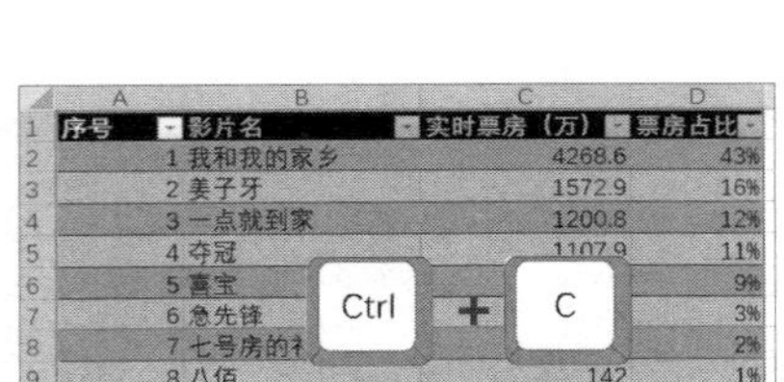

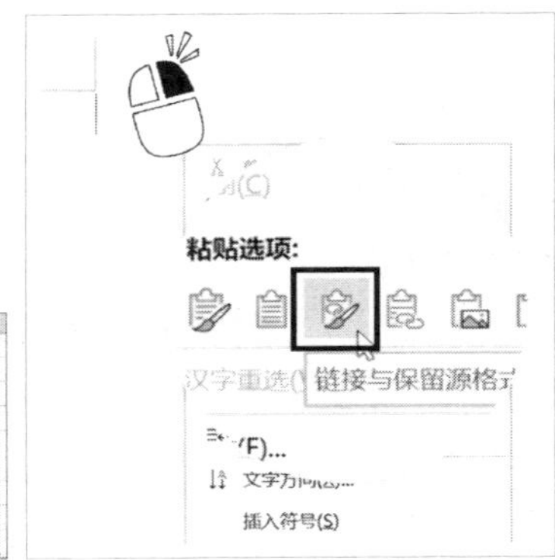

04 如何用 Word 批量制作活动邀请函?

公司即将开年会，需要给大量合作伙伴制作活动邀请函，利用一份邀请函模板和 Excel 名单，该如何批量完成邀请函制作呢?

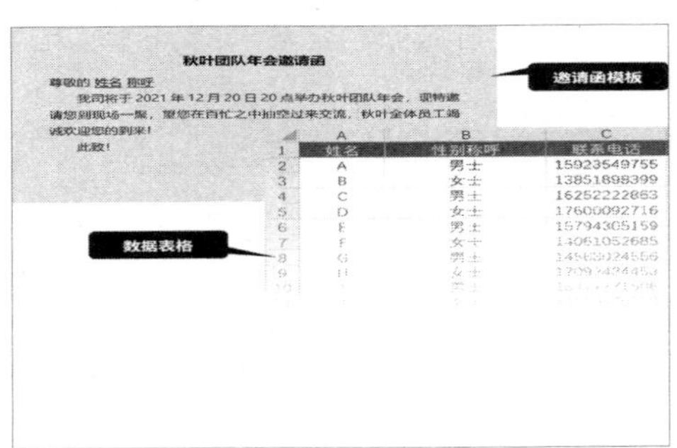

1 打开邀请函 Word 模板，在【邮件】选项卡的功能区中单击【选择收件人】图标，在弹出的菜单中选择【使用现有列表】命令。

2 在【选择数据源】对话框中找到并打开名单数据表格，在弹出的【选择表格】

对话框中选中名单所在的【客户联系表】工作表，单击【确定】按钮。

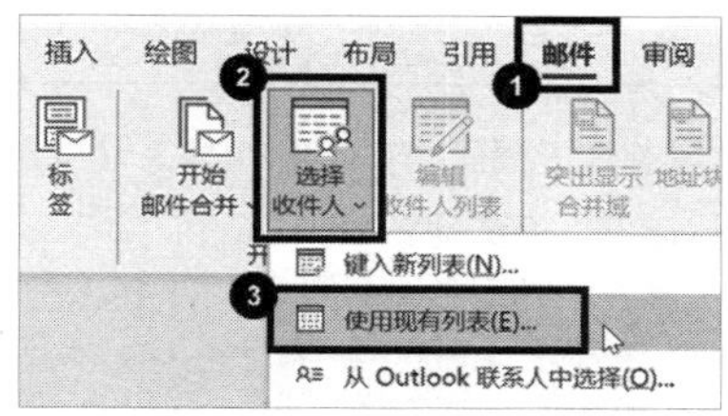

3 选中模板中的“姓名”，在【邮件】选项卡的功能区中单击【插入合并域】图标，在弹出的菜单中选择【姓名】命令，此时“姓名”将会变为“《姓名》”。

4 选中模板中的“称呼”，在【邮件】选项卡的功能区中单击【插入合并域】图标，在弹出的菜单中选择【性别称呼】命令，此时“称呼”将变位“《性别称呼》”。

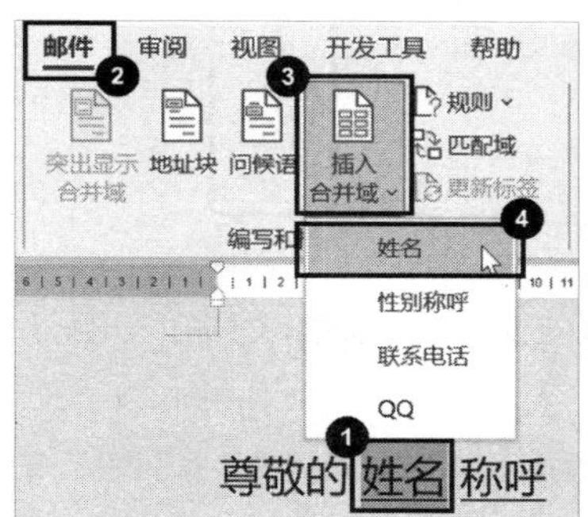

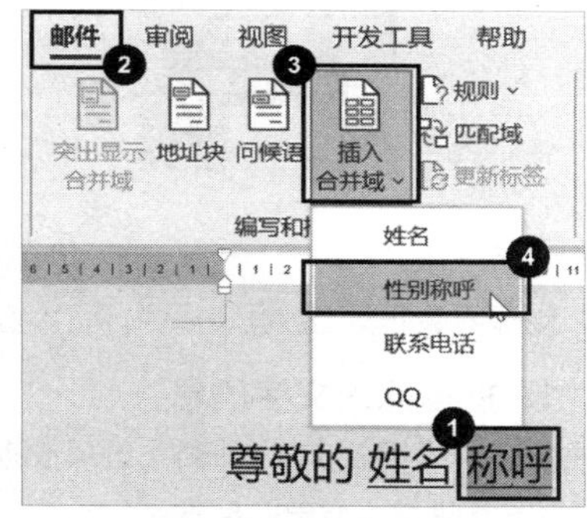

5 在【邮件】选项卡的功能区中单击【完成并合并】图标，在弹出的菜单中选择【编辑单个文档】命令。

6 在弹出的对话框中，选中【全部】，单击【确定】按钮，即可得到邀请函文档。

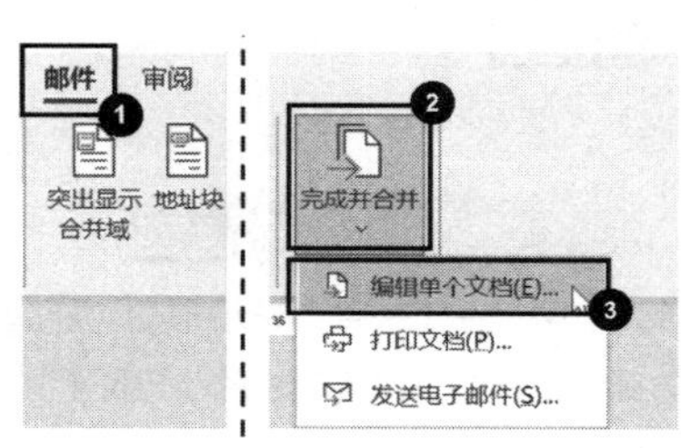

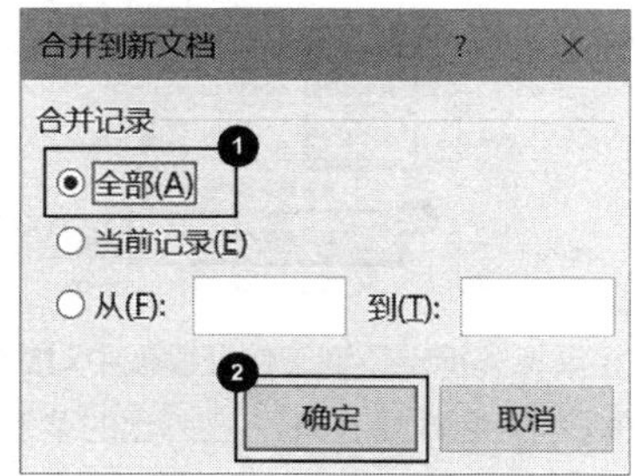

05 如何快速批量制作员工证?

上一个技巧大家应该已经知道了如何批量制作邀请函，其实制作员工证也是一样的原理，不过额外需要批量插入图片，这该怎么完成呢?

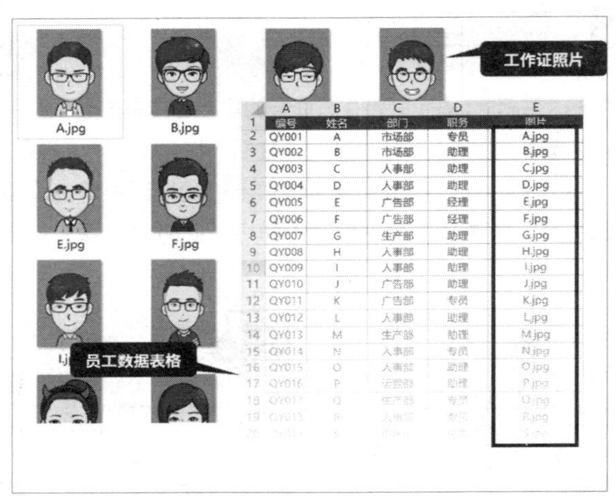

	A	B	C	D	E
1	编号	姓名	部门	职务	图片
2	QY001	A	市场部	专员	A.jpg
3	QY002	B	市场部	助理	B.jpg
4	QY003	C	人事部	助理	C.jpg
5	QY004	D	人事部	助理	D.jpg
6	QY005	E	广告部	经理	E.jpg
7	QY006	F	广告部	经理	F.jpg
8	QY007	G	生产部	助理	G.jpg
9	QY008	H	人事部	助理	H.jpg
10	QY009	I	人事部	助理	I.jpg
11	QY010	J	广告部	助理	J.jpg
12	QY011	K	广告部	专员	K.jpg
13	QY012	L	人事部	助理	L.jpg
14	QY013	M	生产部	助理	M.jpg
15	QY014	N	人事部	专员	N.jpg
16	QY015	O	人事部	助理	O.jpg
17	QY016	P	运营部	助理	P.jpg

前提要保证员工数据表格中，图片名称与文件夹里的照片文件名称一致。

1. 批量插入文字信息

1 打开工作证模板，在【邮件】选项卡的功能区中单击【选择收件人】图标，在弹出的菜单中选择【使用现有列表】命令。

2 在【选择数据源】对话框中找到并打开员工信息表格，在弹出的【选择表格】对话框中选中员工信息所在的【名单】工作表，单击【确定】按钮。

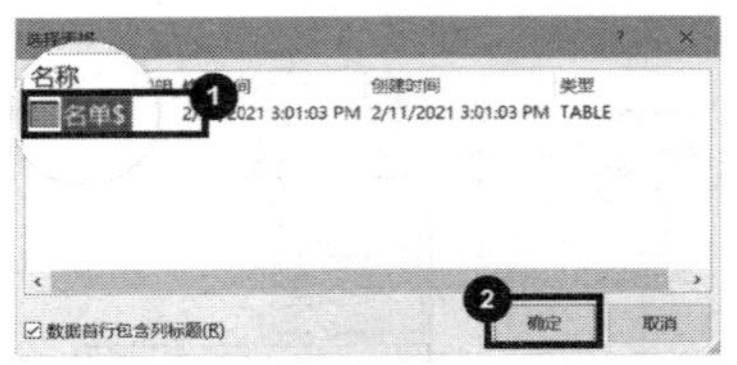

3 将鼠标光标定位到工作证模板中对应的单元格中，在【邮件】选项卡的功能区中单击【插入合并域】图标，在弹出的菜单中选择合适命令，完成“姓名”“部门”“职务”“编号”文字信息的合并域插入。

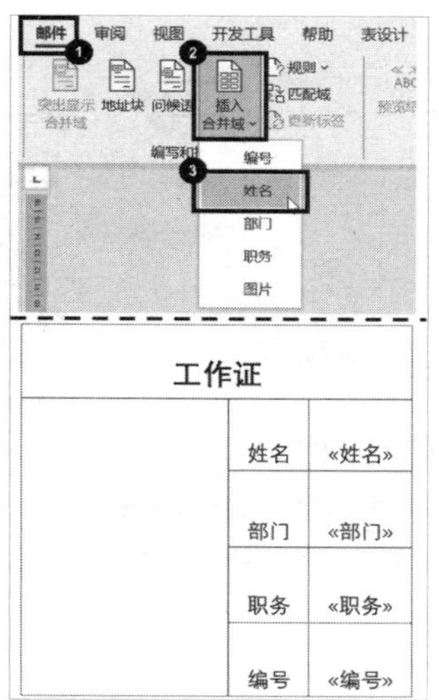

2. 批量插入工作证照片

1 将鼠标光标定位到工作证模板中照片的单元格中，在【插入】选项卡的功能区中单击【文档部件】图标，在弹出的菜单中选择【域】命令。

2 在弹出的【域】对话框中，将【类别】改为【链接和引用】，在【域名】中选中【IncludePicture】命令，并在右侧的【文件名或 URL】中输入“占位”，单击【确定】按钮后模板中会出现一个红叉图像。

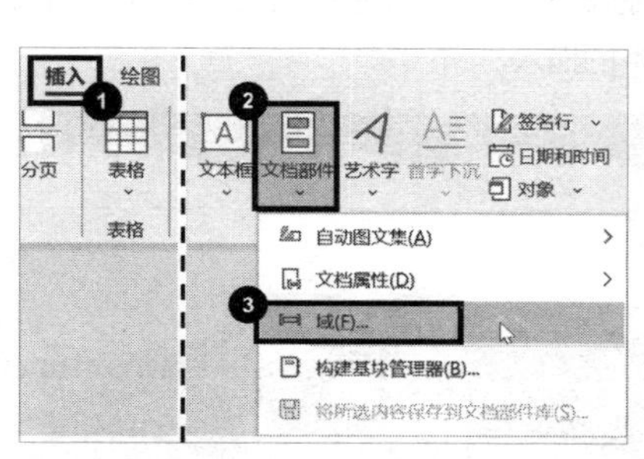

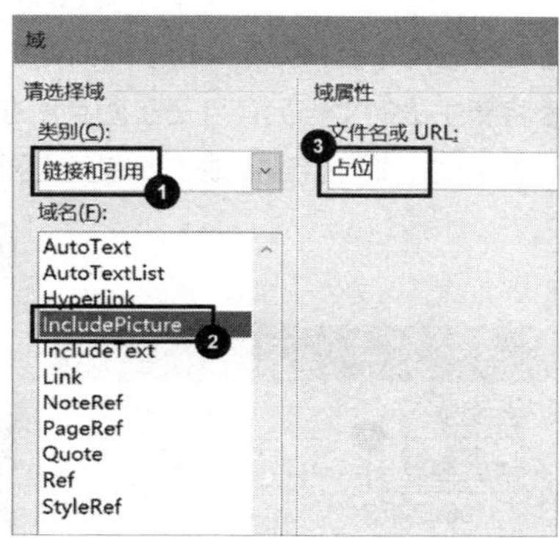

3 按快捷键【Alt+F9】，将该红叉图像切换显示为域代码形式。

4 选中代码中的“占位”两字，在【邮件】选项卡的功能区中单击【插入合并域】图标，在弹出的菜单中选择【图片】命令。

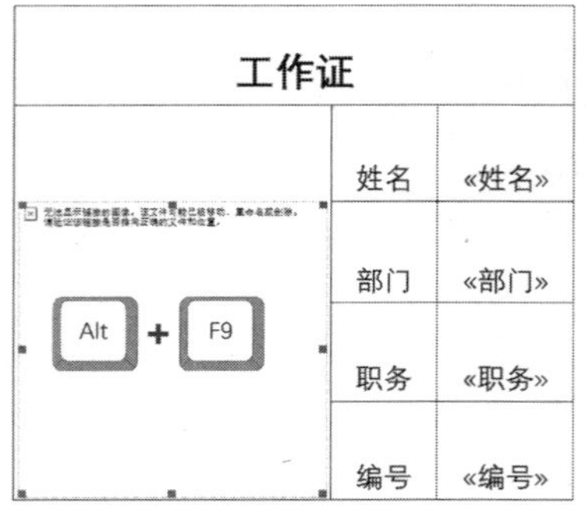

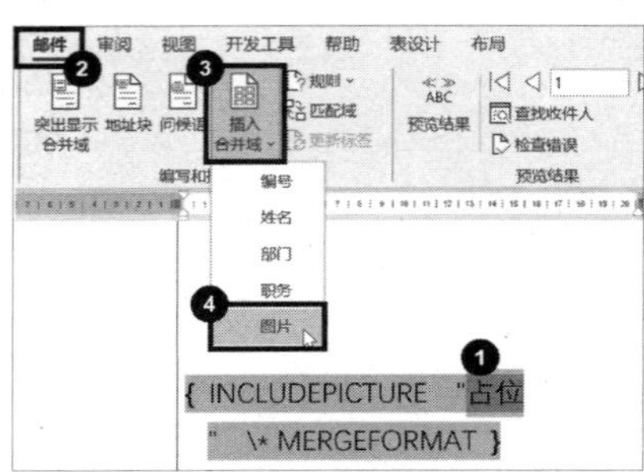

5 按快捷键【Alt+F9】，切换为显示域结果形式。

6 在【邮件】选项卡的功能区中单击【完成并合并】图标，在弹出的菜单中选择【编辑单个文档】命令。

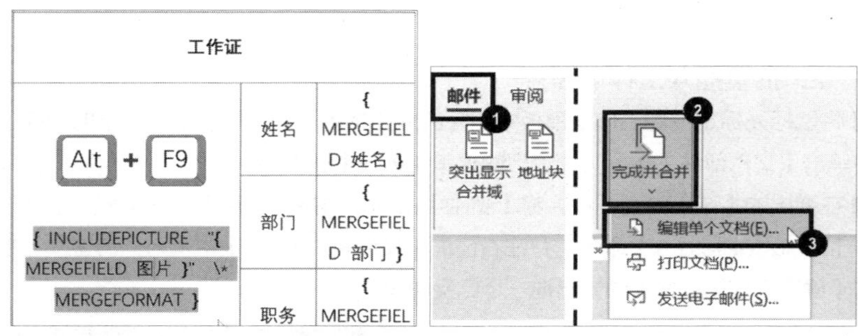

7 在弹出的【合并到新文档】对话框中，选择【全部】选项，单击【确定】按钮。

8 将新生成的文档另存到员工图片所在的文件夹中，按快捷键【Ctrl+A】，再按【F9】键，即可看到完成了所有员工图片的插入。

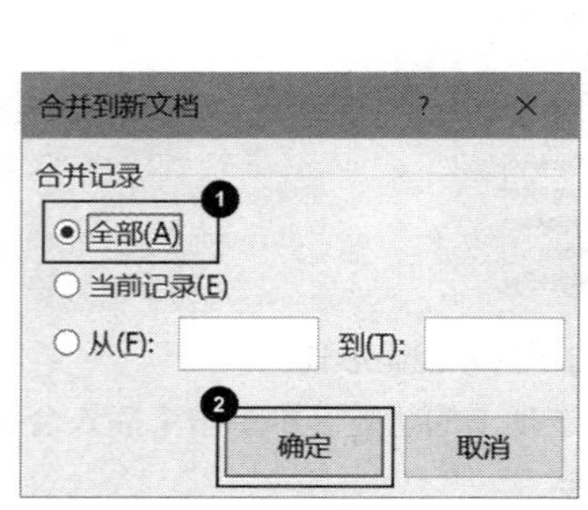

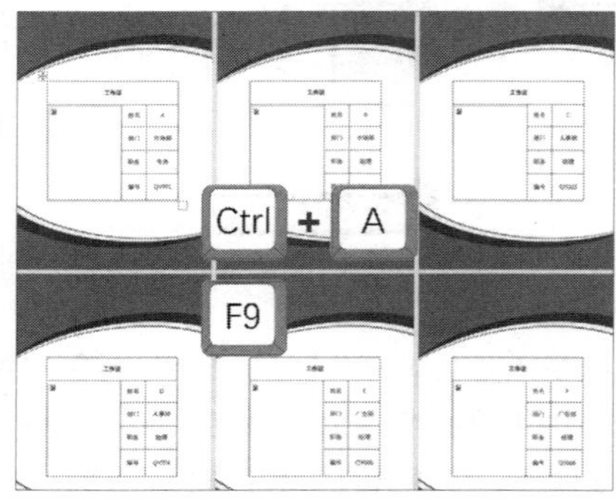

06 如何批量制作员工工资条？

每个月的工资表都要打印成工资条分发下去。如果一份一份地复制、粘贴，实在是太浪费时间了，能批量地完成吗？下面来看看操作步骤。

首先准备好工资条的文档模板和包含工资条数据的数据表格。

工号	姓名	基础工资	效益工资	职务工资	扣假/欠班	应发工资

	A	B	C	D	E	F	G
1	工号	姓名	基础工资	效益工资	职务工资	扣假/欠班	应发工资
2	1	A	12000	12500	0	0.0	24500.0
3	2	B	9050	11000	0	0.0	20050.0
4	3	C	4800	5100	0	0.0	9900.0
5	4	D	4400	5200	0	0.0	9600.0
6	5	E	5000	6000	0	0.0	11000.0
7	6	F	4400	5800	0	0.0	10200.0
8	7	G	5200	5500	0	0.0	10700.0
9	8	H	1000	1370	0	0.0	2370.0
10	9	I	400	480	0	0.0	880.0
11	10	J	880	1080	0	0.0	1960.0
12	11	K	900	1100	0	0.0	2000.0
13	12	L	570	690	0	0.0	1260.0
14	13	M	540	660	0	0.0	1200.0
15	14	N	480	580	0	0.0	1060.0
16	15	O	480	580	50	555.6	1665.6
17	16	P	480	580	0	0.0	1060.0
18	17	Q	480	580	0	0.0	1060.0
19	18	R	460	560	0	0.0	1020.0
20	19	S	880	1080	0	0.0	1960.0

1 打开工资条模板，在【邮件】选项卡的功能区中单击【选择收件人】图标，在弹出的菜单中选择【使用现有列表】命令。

2 在【选择数据源】对话框中找到并打开员工工资表格，在弹出的【选择表格】对话框中选中工资所在的【1 月份工资明细】工作表，单击【确定】按钮。

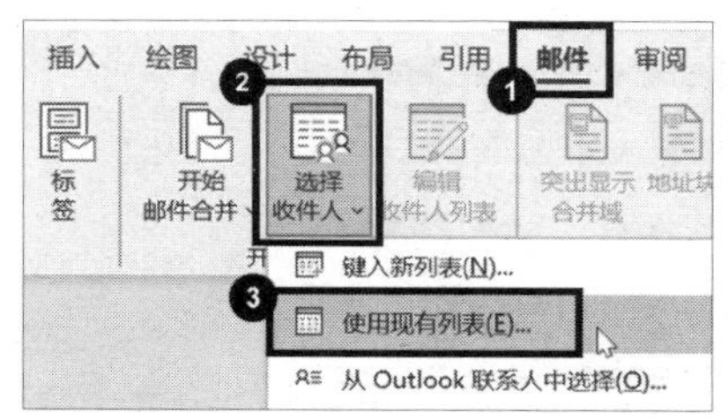

3 将鼠标光标定位到工资表模板对应的单元格中，在【邮件】选项卡的功能区中单击【插入合并域】图标，在弹出的菜单中选择相应命令，完成“工号”“姓名”“基础工资”“效益工资”等信息的合并域插入。

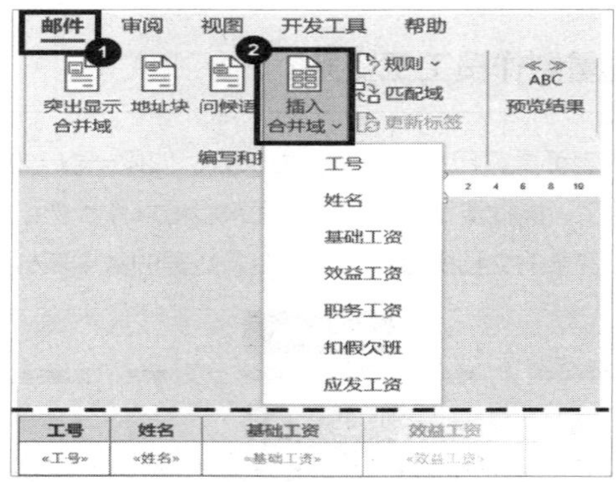

4 在【邮件】选项卡的功能区中单击【规则】图标，在弹出的菜单中选择【下一记录】命令。

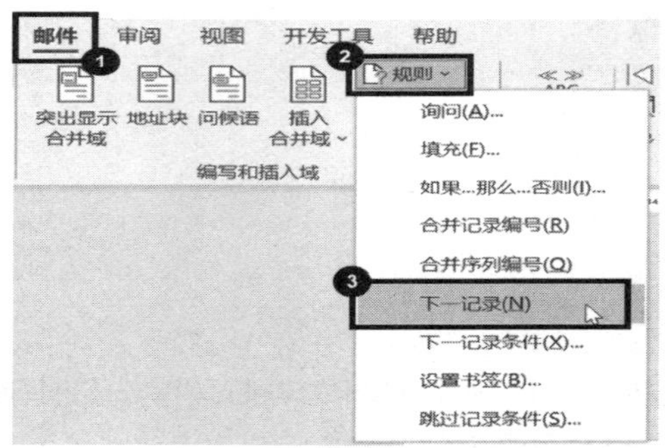

5 选中工资条表格和“下一记录”规则，复制、粘贴直到页面底端，然后删除最后一个“下一记录”。

6 在【邮件】选项卡的功能区中单击【完成并合并】图标，在弹出的菜单中选择【编辑单个文档】命令。

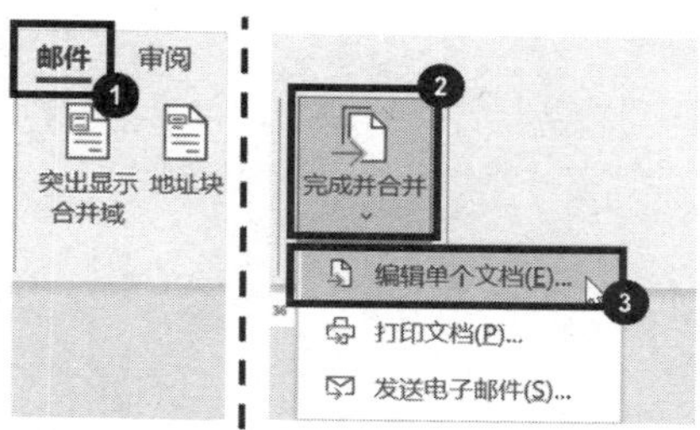

7 在弹出的【合并到新文档】对话框中，选择【全部】选项，单击【确定】按钮，即可批量完成工资条的制作。

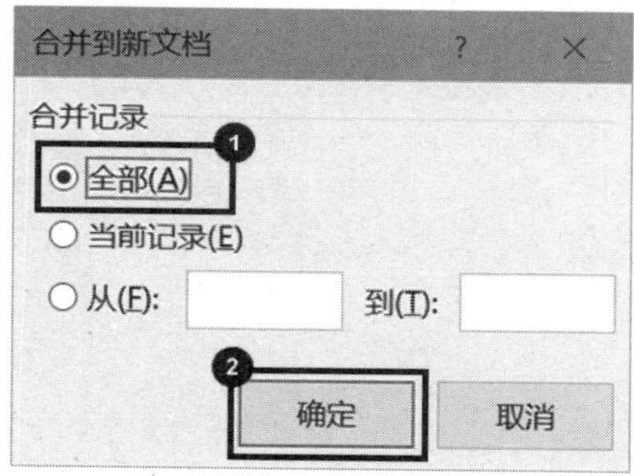